Lüse Weilai Congshu

本丛书编委会 魏晋怀 原英群 马驰野 贾 潜◎编著

绿色未来丛书

震撼：
影响人类生活的自然灾变

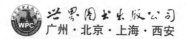
世界图书出版公司
广州·北京·上海·西安

图书在版编目（CIP）数据

震撼：影响人类生活的自然灾变／《绿色未来丛书
》编委会编著 . —广州：广东世界图书出版公司，
2009.12　（2024.2 重印）
（绿色未来丛书）
ISBN 978 – 7 – 5100 – 1471 – 0

Ⅰ. ①震… Ⅱ. ①绿… Ⅲ. ①自然灾害 – 普及读物
Ⅳ. ①X43 – 49

中国版本图书馆 CIP 数据核字（2009）第216964 号

书　　　名	震撼：影响人类生活的自然灾变	
	ZHEN HAN YING XIANG REN LEI SHENG HUO DE ZI RAN ZAI BIAN	
编　　　者	《绿色未来丛书》编委会	
责任编辑	程　静	
装帧设计	三棵树设计工作组	
出版发行	世界图书出版有限公司　世界图书出版广东有限公司	
地　　　址	广州市海珠区新港西路大江冲 25 号	
邮　　　编	510300	
电　　　话	020-84452179	
网　　　址	http://www.gdst.com.cn	
邮　　　箱	wpc_gdst@163.com	
经　　　销	新华书店	
印　　　刷	唐山富达印务有限公司	
开　　　本	787mm×1092mm　1/16	
印　　　张	13	
字　　　数	160 千字	
版　　　次	2009 年 12 月第 1 版　2024 年 2 月第 8 次印刷	
国际书号	ISBN　978-7-5100-1471-0	
定　　　价	49.80 元	

"光辉书房新知文库"

总策划/总主编:石 恢

副总主编:王利群 方 圆

本书作者

魏晋怀 原英群 马驰野 贾 潜

序：蓝色星球　绿色未来

从距离地球45000公里的太空上回望，我们会发现，地球不过是一个蓝色小球，就像小孩玩耍的玻璃弹珠。但就是这么一个"蓝色弹珠"，却养育了无数美丽的生命，承载着各种各样神奇的事物。人类从这个小小的星球中诞生，并慢慢成长，从茹毛饮血、刀耕火种的时代一步步走来，到今天社会文明、人丁旺盛、科技发达，都有赖于这个小小星球的呵护与仁慈的奉献。

当人类逐渐强大，有能力启动宇宙飞船进入太空，他却没有别的地方可去，因为到目前为止，人类只有一个地球，只有一个家园。

地球上有两种重要的色彩，一个是蓝色，一个是绿色，蓝色是海洋，绿色覆盖大地，在太空看地球是蓝色，生活中却是绿色环绕，这两种色彩覆盖着地球的大部分表面；原始生命从海洋中孕育，在森林中成长，经过漫长的进化造就人类，有了水和植物，再通过光合作用，提供生命活动所不可缺少的能源，万物因此获得生机，地球因此成为人类的家园。但是，人类在和以绿色植物为主体的自然界和谐相处数百万年后，危机出现了，由于人类活动的加剧，地球上的绿色正在快速地消失。

在欲望和利益的驱使下，在看似精明、实则愚蠢的行为下，令人忧心的事情一再发生。森林被砍伐，河流变黑变臭；城市总是灰蒙蒙、空气中弥漫着悬浮颗粒物和二氧化硫；耕地一年比一年减少、钢筋混凝土建筑一年比一年增多；山头或寸草不生、农田或颗粒无收；臭氧层空洞、冰川融化、酸雨浸蚀；野生动物灭绝的消息不断传来、食品安全事件层出不穷……绿色的消失既是事实，也是象征，病变、震撼、全球污染、地球生病了，地球在哭泣。

近年来，无数的数据和现象都在逼近一个问题，人类贪婪无度，地球不堪重负，人类已经走到一个紧要关头，生存还是毁灭？

如果我们再次来到太空回望地球，你能想象它失去蓝色的样子吗？一个没有水的星球，可能是火星、木星、土星，但绝不是地球。同样，人类能失去绿色吗？失去绿色的星球，将不再是人类的家园。

从现在开始，我们可以改变以往的观念，而接纳新的绿色思维——人不能主宰地球，而是属于地球；我们应更多地学习环保先锋、追随环保组织，参与绿色行动；我们不仅关注国家社会，还关注身边的阳光、空气和水，关注明天是否依然；在日常生活中，从我做起，知道与做到节约型社会的良好生活习惯。也许你认为自己所做的一切微不足道，但每个人的努力都是宝贵的，留住一片绿色，地球就多一片生机；增添一份绿色，人类就增添一份希望。

如果有机会来到太空，眺望这个美丽的蓝色星球，你会有怎样的愿望？

许它一个绿色的未来！

中华人民共和国环保部副部长

目录
contents

引　言

　　"蜀山兀，阿房出"。唐代诗人杜牧在《阿房官赋》的头一句就指出，修建阿房官是以大量砍伐树木，把蜀山变成秃山为代价的，然而这大规模的豪华建筑群并没有长久保存下来。没过多久，就被楚霸王一把火毁掉，"楚人一炬，可怜焦土!"阿房官没有了，原来郁郁葱葱的蜀山也永远变成了荒山秃岭，不可复原！这并非历史上的个案。由于人口增加，持续干旱，人类大规模砍伐森林，过度垦植和放牧，加上城市化建设，改变了地球地貌和植被，生存环境持续发生着变化。

　　在自然界，从太阳辐射、大气环流到地壳运动、海陆分布、陆地覆盖等等，这些因素都是互相联系、互相依存而又互相制约的。各种因素之间又与多种物理过程相联系，且具有复杂的地理分布，而这种分布往往与自然环境及其资源的分布密切相关。在人类发展史上，人类的文明和智慧虽然创造了财富，但自然力及其资源才是财富持久的源泉。事实上地球的表面、气候、植物界、动物界以及人类本身都不断地在变化，而这一切与人类的活动有非常大的关系。除了天体的演变外，比如全球气候的变异等等，自然界没有人类的干预而发生的变化，实在是微乎其微的。因此，人类为了自己的生存或者某种目的，如果盲目地改造自然，破坏自然环境并对资源采取掠夺式的开采和利用，而不是从主观上有

震撼

意识地加以控制，其结果也是不言而喻的，因为自然界并不是可以任意被人类宰割的，它也具有与人类同等的神圣不可侵犯的权利。如果人类对自然索取过多，人类同样会受到自然的报复，只不过迟早而已。正如恩格斯所指出的，"我们不要过分陶醉于我们对自然界的胜利，对于每一次这样的胜利，自然界都报复了我们。"恩格斯在《自然辩证法》中还指出，"我们必须时时记住：我们统治自然界，决不像征服者统治异民族一样，决不像站在自然界以外的人一样——相反地，我们连同我们的肉、血和头脑都是属于自然界，存在于自然界的；我们对自然界的整个统治，是在于我们比其他一切动物强，能够认识和正确运用自然规律"。

　　正是本着唤醒人们普遍认知，携手改善人类与自然关系的目的，我们试图从这些活生生的灾变中寻找一些震撼的实例，让更多的人认识到，我们今天经历的灾难很大程度上是我们生产生活中的极端行为造成的。因此，善待自然就是善待我们自己，善待我们所爱的人，善待我们的子子孙孙，让我们在震撼中觉醒，在生活中慎行，共同创建更加和谐的生存环境。

第一章 雷击 (Lightning strike)

一、震撼现场——祖孙二人同时遭雷电袭击

"不得了，不得了，祖孙两个人都被雷电打倒了！"2008 年 7 月 28 日晚，一条惊人的消息不胫而走——四川省宜宾市翠屏区菜坝镇红旗村遭遇雷雨天气，年仅 9 岁的小女孩王语和 56 岁的奶奶在自家天台楼道上遭遇雷击，小王语当场被击身亡，奶奶背部被击伤。

目击的村民称，在一声震耳欲聋的炸雷后，一道闪电飞快掠过小王语家的屋顶，随即冒起一股青烟。而据小王语的爷爷讲述，当晚 7 时 30 分左右，他正在厨房里做饭，小王语拿着两个塑料瓶在天台上接水玩耍，奶奶坐在楼道的一张凳子上，当时外面雷雨交加。在

遭雷电袭击的衣服

"咔嚓"一声巨响后不久，他听到楼道处传来老伴微弱的呻吟声，他急忙跑过去，发现小王语和奶奶均被雷电击倒在地，孙女趴在地上，满身红点，多处皮肤裂开，左脚掌被击穿了一个鹌鹑蛋大小的血洞，一点反应都没有，老伴背上的衣服则被烧了两个大

3

震撼

窟窿。

二、认识雷电

雷电是伴有闪电和雷鸣的一种雄伟壮观而又有点令人生畏的放电现象。雷电一般产生于对流发展旺盛的积雨云中，因此常伴有强烈的阵风和暴雨，有时还伴有冰雹和龙卷风。积雨云顶部一般较高，可达20千米，云的上部常有冰晶。冰晶的淞附，水滴的破碎以及空气对流等过程，使云中产生电荷。云中电荷的分布较复杂，但总体而言，云的上部以正电荷为主，下部以负电荷为主。因此，云的上、下部之间形成一个电位差。当电位差达到一定程度后，就会产生放电，这就是我们常见的闪电现象。放电过程中，由于闪道中温度骤增，使空气体积急剧膨胀，从而产生冲击波，导致强烈的雷鸣。带有电荷的雷云与地面的突起物接近时，它们之间就发生激烈的放电。在雷电放电地点会出现强烈的闪光和爆炸的轰鸣声。这就是人们见到和听到的闪电雷鸣。

闪电的类型

曲折开叉的普通闪电称为枝状闪电。枝状闪电的通道如被风吹向两边，以致看来有几条平行的闪电时，则称为带状闪电。闪电的两枝如果看来同时到达地面，则称为叉状闪电。

闪电在云中阴阳电荷之间闪烁，而使全地区的天空一片光亮时，称为片状闪电。

未达到地面的闪电，也就是同一云层之中或两个云层之间的闪电，称为云间闪电。有时候这种横行的闪电会行走一段距离，在离风暴很远处的地面降落，叫做"晴天霹雳"。

　　闪电的电力作用有时会在又高又尖的物体周围形成一道光环似的红光。通常在暴风雨中的海上，船只的桅杆周围可以看见一道火红的光，人们便借用海员守护神的名字，把这种闪电称为"圣艾尔摩之火"。

　　超级闪电指的是那些威力比普通闪电大 100 多倍的稀有闪电。普通闪电产生的电力约为 10 亿瓦特，而超级闪电产生的电力则至少有 1000 亿瓦特，甚至可能达到 1 万亿～10 万亿瓦特。

雷电的威力

　　雷电电流平均约为 2 万安培（甚至更大），雷电电压大约是 10^{10} 伏（人体安全电压为 36 伏），一次雷电的时间大约为 1/1000 秒，平均一次雷电发出的功率达 200 亿千瓦（一般电饭锅的功率低于 1000 瓦）。

　　我国建造的世界上最大的水力发电站——三峡水电站，电站的装机总容量为 1820 万千瓦，只有一次雷电功率的 1‰。当然雷电的电功率虽然很大，但由于放电时间短，所以闪电电流的电功并不算大，一次约为 5555 度。

　　全世界每秒就有 100 次以上的雷电现象，一年里雷电释放的总电能约为 17.5 亿千度。若一度电的电费为 0.30 元，全世界一年的雷电价值为 5.25 万亿元，这是一笔巨大的财富，但由于雷电时间极短，人类还无法捕捉这种电能，目前世界上还没有研究出利用雷电电能的方法。

　　在任何特定时刻，世界上都有 1800 场雷雨正在发生，每秒大

影响人类生活的自然灾变

电闪雷鸣

约有100次雷击。在美国，雷电每年会造成大约150人死亡和250人受伤。全世界每年有4000多人惨遭雷击。在雷电发生频率呈现平均水平的平坦地形上，每座约92米高的建筑物平均每年会被击中一次。每座约366米的建筑物，比如广播或者电视塔，每年会被击中20次，每次雷击通常会产生6亿伏的高压。

雷电的危害

自然界每年都会发生几百万次闪电。雷电灾害是"联合国国际减灾十年"公布的最严重的10种自然灾害之一。最新统计资料表明，雷电造成的损失已经上升到自然灾害造成损失排名的第3位。全球每年因雷击造成人员伤亡、财产损失不计其数。据不完全统计，我国每年因雷击以及雷击负效应造成的人员伤亡达3000~4000人，财产损失在50亿~100亿元。

雷电灾害所涉及的范围几乎遍布各行各业。现代电子技术的高速发展，带来的负效应之一就是其抗雷击浪涌能力的降低。以大规模集成电路为核心组件的测量、监控、保护、通信、计算机网络等先进电子设备广泛运用于电力、航空、国防、通信、广电、金融、交通、石化、医疗以及其它现代生活的各个领域，以大型 CMOS 集成元件组成的这些电子设备普遍存在着对暂态过电压、过电流耐受能力较弱的缺点，暂态过电压不仅会造成电子设备产生误操作，也会造成更大的直接经济损失和广泛的社会影响。

雷击造成的危害主要有四种：

（1）直击雷

带电的云层对大地上的某一点发生猛烈的放电现象，称为直击雷。它的破坏力十分巨大，若不能迅速将其泻放入大地，将导致放电通道内的物体、建筑物、设施、人畜遭受严重的破坏或损害——火灾、建筑物损坏、电子电气系统摧毁，甚至危及人畜的生命安全。

（2）雷电波侵入

雷电不直接放电在建筑和设备本身，而是对布放在建筑物外部的线缆放电。线缆上的雷电波或过电压几乎以光速沿着电缆线路扩散，侵入并危及室内电子设备和自动化控制等各个系统。因此，往往在听到雷声之前，电子设备、控制系统等可能已经损坏。

（3）感应过电压

雷击在设备设施或线路的附近发生，或闪电不直接对地放电，只在云层与云层之间发生放电现象。闪电释放电荷，并在电源和数据传输线路及金属管道金属支架上感应生成过电压。

雷击放电于具有避雷设施的建筑物时，雷电波沿着建筑物

震撼

顶部接闪器（避雷带、避雷线、避雷网或避雷针）、引下线泄放到大地的过程中，会在引下线周围形成强大的瞬变磁场，轻则造成电子设备受到干扰，数据丢失，产生误动作或暂时瘫痪；严重时可引起元器件击穿及电路板烧毁，使整个系统陷于瘫痪。

（4）系统内部操作过电压

因断路器的操作、电力重负荷以及感性负荷的投入和切除、系统短路故障等系统内部状态的变化而使系统参数发生改变，引起的电力系统内部电磁能量转化，从而产生内部过电压，即操作过电压。

操作过电压的幅值虽小，但发生的概率却远远大于雷电感应过电压。实验证明，无论是感应过电压还是内部操作过电压，均为暂态过电压（或称瞬时过电压），最终以电气浪涌的方式危及电子设备，包括破坏印刷电路印制线、元件和绝缘过早老化寿命缩短、破坏数据库或使软件误操作，使一些控制元件失控。

（5）地电位反击

如果雷电直接击中具有避雷装置的建筑物或设施，接地网的地电位会在数微秒之内被抬高数万或数十万伏。高度破坏性的雷电流将从各种装置的接地部分，流向供电系统或各种网络信号系统，或者击穿大地绝缘而流向另一设施的供电系统或各种网络信号系统，从而反击破坏或损害电子设备。同时，在未实行等电位连接的导线回路中，可能诱发高电位而产生火花放电的危险。

雷电的好处

雷电交加时，空气中的部分氧气被激变成臭氧。稀薄的臭氧不但不臭，而且还能吸收大部分宇宙射线，使地球表面的生物免遭紫外线过量照射的危害。闪电过程中产生的高温又可杀死大气中90%以上的细菌和微生物，从而使空气变得更加纯净而清新宜人。

据统计，每年地球上空会出现31亿多次闪电，平均每秒钟100次。每次放电，其电能高达10万千瓦时，连世界上最大的电力装置都不能和它相比。另外，大气中还含有78%不能被作物直接吸收的游离氮。闪电时，电流高达10万安培，空气中气体的分子被加热到3万度以上，致使大气中不活泼的氮与氧化合，变成二氧化氮。大雨又将二氧化氮溶解成为稀硝酸，并随雨水降至地面与其他物质化合，变成作物可以直接吸收的氮肥。据测算，全球每年由雷雨而"合成"的氮肥就有20亿吨。这20亿吨从天而降的氮肥，相当于20万个年产1万吨的化肥厂的产量总和！

另外雷电还有治疗作用。根据研究人员测算，雷雨过后每立方厘米空气中的负氧离子数目可达1万多个（而晴天的闹市区只有几十个）。实践表明，被称作"空气的维生素"的负氧离子，对人体健康非常有利。所以医学家模拟雷雨的神奇作用，把负离子引进了病房。结果发现，当室内空气中的负氧离子与正离子的比例控制在9∶1的时候，对气喘、烧伤、溃疡以及其他外伤的治疗有促进作用；同时，对过敏性鼻炎、萎缩性胃炎、神经性皮炎、关节痛等病症也有积极的治疗作用。

三、雷击的经典案例

案例一：防盗门变成导电门

1992年6月21日下午5点半，北京突然出现雷雨天气，正在街上玩耍的10岁小姑娘婷婷浑身被雨淋湿，急忙往家跑，当她推开自家铁门时，一下子昏倒在地。家人及时对她施行了人工呼吸，紧接着，急救车将她送往医院。经过医生的全力抢救，6小时后婷婷最终恢复了知觉，并有清醒意识。

点评：这是一个非常典型的感应雷击人的例子，对当今我国城镇居民在日常生活中的防雷避雷很有参考价值。因为现在许多居民家里都流行安装防盗门。雷电交加时，这种铁制或钢制的防盗门有时就会因静电感应而带上电，而一旦附近有落地雷发生，触门者就会像案例中的婷婷一样因接触电压而受雷击。

案例二：死亡人数最多的雷击

有记载以来，一次雷击最多曾造成21人死亡。这一惨剧发生在1975年12月23日，当时，非洲南部高原津巴布韦乌姆塔利市郊进行野外活动的21个农民，为躲避雷雨而同时挤入了一座茅棚，闪电击中茅棚，引起大火，茅棚顷刻之间化为灰烬，导致21人全部葬身火海。

点评：在这次雷击意外事件中，最终出现21人同时丧生的惨痛结果的原因主要有两方面：首先，由于受害者缺乏在户外的防雷常识，选择了错误的避雨地点。其次，受害者并未意识到雷击灾害常会引发火灾等其他灾害。而之所以21人最终无一生还，主

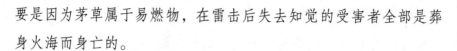

要是因为茅草属于易燃物，在雷击后失去知觉的受害者全部是葬身火海而身亡的。

案例三：男子雨天打手机，命丧雷电下

2005 年 6 月 25 日，沈阳市东陵区李相镇得胜屯村上空天气突变，阵雨伴着闪电雷鸣。该镇一名男子疾奔在回家路上，突然他的手机响起，他顺手按启了接听电话的手机键。突然间，空中一道强光闪过，接着便听"轰隆"一声巨响，手机处冒出了一股青烟，这名男子当即摔倒在地，一动不动。附近村民赶紧打电话报警，几分钟后，东陵区李相派出所民警和附近一家医院的医生先后冒雨赶到现场，经诊断，这名男子早已没了呼吸。

点评：雷雨天气时不要开手机，更不要打手机。这是防雷击的一条基本常识。手机天线接受的信号就是电磁波，雷电本质就是电磁爆发，因为微弱的电磁波比周围的空间更有吸附电场的作用，致使电离空气团到你手机地点靠近，造成雷击。

案例四：手握铁杆伞，4 名学生遭击

2005 年 6 月 25 日，沈阳化工学院学生孙某等 4 人正走在操场上，忽然风云大作，天上的云黑得吓人，紧接着就掉下了豆大的雨点，噼里啪啦地打在同学们的身上。因为要上体育课，大家就打起雨伞往体育馆方向跑去。跑着跑着，只见从天上突然来了一道雷电，将孙某、任某、刘某、程某击中，4 个人几乎是同一时间倒在地上。周围的同学嘴里喊着他们的名字，但已经没有一个人能够回答了，中雷者随即被校领导和老师送往沈阳医学院奉天医院进行抢救。

点评：据了解，4 名同学在打伞时全部握着雨伞铁杆。根据推测，雨伞的铁杆恰恰在这起雷击事故中起到了传导作用，铁杆将雷击感应电流传给孙某后，又传递给了近距离的任某、刘某和程某。这再次提醒我们，雷雨天气在室外活动时最好不要携带金属物体，也不要很多人拥挤成堆，以防人与人接触使电流互相传导。

四、雷电的防范

雷电发生时产生的雷电流是主要的破坏源，其危害有直接雷击、感应雷击和由架空线引导的侵入雷。如各种照明、电讯等设施使用的架空线都可能把雷电引入室内，所以应严加防范。

雷击易发生的部位

1. 缺少避雷设备或避雷设备不合格的高大建筑物、储罐等；
2. 没有良好接地的金属屋顶；
3. 潮湿或空旷地区的建筑物、树本等；
4. 高大的烟囱；
5. 建筑物上有无线电而又没有避雷器和没有良好接地的地方。

预防雷电的方法

1. 建筑物上装设避雷装置。即利用避雷装置将雷电流引入大地而消失。
2. 在雷雨时，人不要靠近高压变电室、高压电线和孤立的高楼、烟囱、电杆、大树、旗杆等，更不要站在空旷的高地上或在大树下躲雨。

3. 不能用有金属立柱的雨伞。在郊区或露天操作时，不要使用金属工具，如铁撬棒等。

4. 不要穿潮湿的衣服靠近或站在露天金属商品的货垛上。

5. 雷雨天气时在高山顶上不要开手机，更不要打手机。

6. 雷雨天不要触摸和接近避雷装置的接地导线。

7. 雷雨天，在户内应离开照明线、电话线、电视线等线路，以防雷电侵入被其伤害。

8. 在打雷下雨时，严禁在山顶或者高丘地带停留，更要切忌继续蹚往高处观赏雨景，不能在大树下、电线杆附近躲避，也不要行走或站立在空旷的田野里，应尽快躲在低洼处，或尽可能找房屋或干燥的洞穴躲避。

9. 雷雨天气时，不要用金属柄雨伞，摘下金属架眼镜、手表、裤带，若是骑车旅游要尽快离开自行车，亦应远离其它金属制物体，以免产生导电而被雷电击中。

10. 在雷雨天气，不要去江、河、湖边游泳、划船、垂钓等。

11. 在电闪雷鸣、风雨交加之时，若旅游者在旅店休息，应立即关掉室内的电视机、收录机、音响、空调等电器，以避免产生导电。打雷时，在房间的正中央较为安全，切忌停留在电灯正下面，忌依靠在柱子、墙壁边、门窗边，以避免在打雷时产生感应电而致意外。

雷击的急救

遇到有人遭雷击，应在迅速组织现场抢救的同时拨打当地的

震撼

急救电话。具体的抢救方法如下：

1. 人体在遭受雷击后，往往会出现"假死"状态，此时应根据遭受雷击者的伤害程度采取相应措施。若遭受雷击者停止呼吸，应立即进行人工呼吸；若遭受雷击者心跳停止，应立即进行心脏按摩；若遭受雷击者心跳和呼吸都已停止，则应用两种方法同时进行抢救。雷击后进行就地抢救得越及时，救活的可能性越大，对伤者的身体恢复越好，因为人脑缺氧的时间超过十几分钟就会有致命的危险。以上就地抢救措施应坚持到医生到达现场为止。

2. 救护地点应选在通风阴凉的地方，不可高寒或暴热，被救护人的周围不可围一圈人，不能用刺激的方法，例如对遭受雷击者泼冷水，在旁边大呼其名字等，更不要架着被救护人到处乱跑。

3. 如果伤者遭受雷击后引起衣服着火，此时应马上让伤者躺下，以使火焰不致烧伤面部。并往伤者身上泼水，或者用厚外衣、毯子等把伤者裹住，以扑灭火焰。

相关链接：遭受雷击的人为什么还能活命

应该说，几千万伏特的电荷和几十万安培的电流瞬间就能让人毙命，可有些人却活了下来。有人认为闪电和裸露的电线不是一回事。有时闪电甚至都不会在身体上留下任何痕迹，但是穿透了内脏。或者恰恰相反，只从外面一过，燎着了衣服，烧着了皮鞋。强大的电流有时是在几百万分之一秒的瞬间"击透"全身，所以未能总是烧成灰烬。关键是要看体内器官和组织平均值为 700 欧姆的

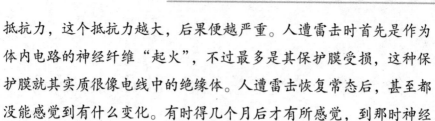

抵抗力，这个抵抗力越大，后果便越严重。人遭雷击时首先是作为体内电路的神经纤维"起火"，不过最多是其保护膜受损，这种保护膜就其实质很像电线中的绝缘体。人遭雷击恢复常态后，甚至都没能感觉到有什么变化。有时得几个月后才有所感觉，到那时神经纤维开始"变短"，在一些不该有的地方有了接触。

第二章　沙尘暴（Sand duststorm）

一、震撼现场——强沙尘暴袭蒙古8人死亡

2006年4月7日凌晨，蒙古国东部的肯特省、东方省和苏赫巴托尔省等9个省区遭遇强沙尘暴袭击，风速达到24～28米/秒。沙尘暴发生时，许多牧民仍游牧在外。蒙古国紧急情况总局称，共有40名牧民在风暴中失踪，寻找后发现，已有8人死亡。目前仍有4人下落不明。牧民的牲畜也没能幸免，由于牲畜往往顺着暴风跑，更容易走失。据不完全统计，已有500多头牲畜死亡。强沙尘暴还影响到蒙古国的铁路运输，导致10多个列车晚点。因铁轨被沙尘埋没，一列驶往蒙中边境扎门乌德的货车脱轨，所幸没有造成严重后果。

这场沙尘暴还波及中国、韩国、日本等国家和地区。4月9日下午，中国新疆吐鲁番地区已遭受特大沙尘暴袭击，为该地区22年来遭遇的最强沙尘天气。沙尘暴造成韩国一些航班被迫取消。这场沙尘暴甚至影响到千里之遥的日本，根据当地气象台报告，日本各地8、9日均观测到浮尘天气。

二、认识沙尘暴

沙尘暴是沙暴和尘暴两者兼有的总称，是指强风把地面大量

沙尘物质吹起卷入空中，使空气特别混浊，水平能见度小于1千米的严重风沙天气现象。其中沙暴系指大风把大量沙粒吹入近地层所形成的挟沙风暴；尘暴则是大风把大量尘埃及其它细粒物质卷入高空所形成的风暴。

笼罩城市的沙尘暴

沙尘暴天气主要发生在春末夏初季节，这是由于冬春季干旱区降水甚少，地表异常干燥松散，抗风蚀能力很弱，在有大风刮过时，就会将大量沙尘卷入空中，形成沙尘暴天气。

沙尘暴天气成因

沙尘暴的形成必须具备四个条件：一是地面上的沙尘物质，是形成沙尘暴的物质基础；二是大风，是沙尘暴形成的动力基础，也是沙尘暴能够长距离输送的动力保证；三是不稳定的空气状态，是重要的局地热力条件，沙尘暴多发生于午后傍晚说明了局地热力条件的重要性；四是干旱的气候环境。沙尘暴多发生于北方的春季，而且降雨后一段时间内不会发生沙尘暴便是这一条件的很

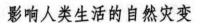

好的证明。春季沙漠的边缘地区，由于长期干旱，而且地表少有植被覆盖，当有大风来临的时候地表的沙尘很容易被吹起且被输移，但由于沙子粒径较大，不易形成悬移（悬浮移动，是小颗粒物质保证长距离输移的必要条件），因此不能长距离输移，这也是距沙尘较远的地区只有降尘而少见扬沙的主要原因。如果风持续的时间很长，形成悬移的浮尘能够被输送到很远的地方，所经过的地区就会出现沙尘暴；当风速减弱到一定程度后，浮尘就会降落，该地就会出现降尘天气。如果此时降水，就会形成所谓的"泥雨"。

从沙尘暴形成所需的四个条件看，黄土高原、广袤的沙漠及由人为因素的破坏正处于荒漠化过程中的土地，北方春季末耕种的土地及处于施工过程中的基础设施（如高速公路等）为沙尘暴的发生提供了充分的物质源；而春季北方地区的干旱，又使沙尘暴发生的可能性增强，由此可见沙尘暴的产生是多种复杂因素共同作用的结果，人类活动对自然界的破坏导致土地荒漠化的加剧，对沙尘暴发生产生了极其重要的作用，而近几年全球干旱等异常天气现象也对沙尘暴的发生起了不可估量的作用。

沙尘暴主要危害方式

1. 强风：携带细沙粉尘的强风摧毁建筑物及公用设施，造成人蓄亡。

2. 沙埋：以风沙流的方式造成农田、渠道、村舍、铁路、草场等被大量流沙掩埋，尤其是对交通运输造成严重威胁。

3. 土壤风蚀：每次沙尘暴的沙尘源和影响区都会受到不同程度的风蚀危害，风蚀深度可达 1～10 厘米。据估计，我国每年由沙尘暴产生的土壤细粒物质流失高达 10^6～10^7 吨，其中绝大部分粒径在 10 微米以下，对源区农田和草场的土地生产力造成严重破坏。

4. 大气污染：在沙尘暴源地和影响区，大气中的可吸入颗粒物（TSP）增加，大气污染加剧。2000 年 3～4 月，北京地区受沙尘暴的影响，空气污染指数达到 4 级以上的有 10 天，同时影响到我国东部许多城市。3 月 24～30 日，包括南京、杭州在内的 18 个城市的日污染指数超过 4 级。

沙尘暴的时空分布

世界有四大沙尘暴多发区，分别位于中亚、北美、中非和澳大利亚。我国的沙尘暴区属于中亚沙尘暴的一部分，主要发生在北方地区。总的特点是西北多于东北地区，平原或盆地多于山区，沙漠及其边缘多于其他地区。且主要集中在两大区域：一是位于塔里木盆地的塔克拉玛干沙漠。另一个是从巴丹吉林沙漠东部，南至甘肃河西走廊，经腾格里沙漠乌兰布和至库布齐沙地和毛乌素沙地。另外在北疆克拉玛依地区、南疆的和田地区和青海的西北部地区是三个局地性沙尘暴区。据研究表明，早在白垩纪末（距今 7000 万年），就有风沙尘出现。据地方志记载，公元 351 年甘肃武威一带就有强沙尘暴发生，造成房屋倒塌和人员与牧畜伤亡。在漫长的地质历史中沙尘暴显示出周期性变化，它与地质时期气候变化和地面沙尘物质的多少有关，遇气候暖湿时期，地面植被生长茂密，生态环境条件好，沙尘暴发生频率低；反之在冷干气候时期，则沙尘暴发生频率高。在我国西北地区的沙尘暴近半个世纪以来的变化特点是：20 世纪 50 年代沙尘暴发生的日数最多；60 年代前期略有降低，60 年代后期降至最低；70 年代稍有增加，80 年代又处于逐渐减小的趋势，90 年代又有明显的增加。我国沙尘暴的季节和月份变化特点是：春季最多，约占全年总数的一半，夏季次之，秋季（新疆地区为冬季）最少；按月份来看，4 月发生频率最高，3 月和 5 月次之，9 月（新疆为 12 月或 1 月）最低，另外沙尘暴也有明显的日变化特征，主要发生在午后和傍晚。

沙尘暴对人类生活的影响

沙尘暴的肆虐，已经形成新的生态危机，具体表现为如下几个方面：

1. 生态环境恶化

出现沙尘暴天气时狂风裹的沙石、浮尘到处弥漫，凡是经过的地区空气浑浊，呛鼻迷眼，呼吸道等疾病人数增加。如 1993 年 5 月 5 日发生在金昌市的强沙尘暴天气，监测到的室外空气含尘量为 1016 毫米/立方厘米，室内为 80 毫米/立方厘米，超过国家规定的生活区内空气含尘量标准的 40 倍。

2. 生产生活受影响

沙尘暴天气携带的大量沙尘蔽日遮光，天气阴沉，造成太阳辐射减少，几小时到十几个小时恶劣的能见度，容易使人心情沉闷，工作学习效率降低。轻者可使大量牲畜患染呼吸道及肠胃疾病，严重时将导致大量牲畜死亡、刮走农田沃土、种子和幼苗。沙尘暴还会使地表层土壤风蚀、沙漠化加剧，覆盖在植物叶面上厚厚的沙尘，影响正常的光合作用，造成作物减产。导致可利用土地资源减少，土地质量下降。统计数字表明，1949 年以来全国因沙化而退化的耕地有 772.2 万公顷，退化草地1.05 亿公顷。

3. 生命财产损失

沙尘暴破坏了人们的生存条件，出现"生态难民"。全国有 5万多个村庄经常受到风沙危害，沙压村舍，沙进人退，成千上万农牧民成为"生态难民"。沙尘暴危害加剧了西部贫困，扩大了东西部发展的差距。全国农村贫困人口的四分之一生活在沙化地区。1993 年 5 月 5 日，发生在甘肃省金昌、威武、民勤、白银等地市的强沙尘暴天气，受灾农田 253.55 万亩，损失树木 4.28 万株，造成直接经济损失达 2.36 亿元，死亡 50 人，重伤 153 人。2000 年 4 月 12 日，永昌、金昌、威武、民勤等地市遭遇强沙尘暴天气，据不完全统计仅金昌、威武两地市直接经济损失达 1534万元。

4. 交通安全（飞机、汽车等交通事故）

沙尘暴天气经常影响交通安全，造成飞机不能正常起飞或降落，使汽车、火车车厢玻璃破损、停运或脱轨。全国有 3000多千米铁路、3 万千米公路和 5 万多千米渠道常年受到风沙危害。

震撼

沙尘暴在生态系统中的作用

沙尘暴的危害虽然甚多，但整个沙尘暴的过程却也是自然生态系所不能或缺的部分，例如澳洲的赤色沙暴中所夹带来的大量铁质，已证明是南极海浮游生物重要的营养来源，而浮游植物又可消耗大量的二氧化碳，以减缓温室效应的危害，因此沙暴的影响层级并非全为负面。在另一层面来说，沙尘暴也许也是地球为了应对环境变迁的一种症候，就像人感冒了会咳嗽是为了排除气管中的废物一样。

科学家还发现，地球上最大的绿肺——亚马逊盆地的雨林也得益于沙尘暴，它的一个重要的养分来源也是空中的沙尘。沙尘暴能把盘石变得葱葱郁郁的秘密在于，沙尘气溶胶含有铁离子等有助于植物生长的成分。此外由于沙尘暴多诞生在干燥高盐碱的土地上，沙尘暴所挟带的一些土粒当中也经常带有一些碱性的物质，所以往往可以减缓沙尘暴附近沉降区的酸雨作用或土壤酸化作用。中国科学院大气物理研究所的王自发先生曾说："沙尘暴的确降低了酸雨的酸性。沙尘及其土壤粒子的中和作用使中国北方降水的 pH 值增加 0.8 ~ 2.5，韩国 pH 值增加 0.5 ~ 0.8，日本 pH 值增加 0.2 ~ 0.5。如果没有沙尘的作用，那么很多北方地区的酸雨危害要严重得多。"因此，沙尘暴虽然危害甚大，却也是地球自然生态当中的一个必经的过程，因为自人类有史以来，便有沙尘暴的出现了。只是我们应该更积极地找寻异常沙尘暴频率发生的机制，以真正解决异常气候变迁对于环境的危害性。

沙尘一方面污染空气，一方面也净化空气。通常，沙尘天气和沙尘暴过后，尘埃落定的天空是最洁净、最晴朗的。原因是沙尘形成的气溶胶里面钙的含量较高，沙尘在降落过程中对空气中的氮氧化物、二氧化硫等物质具有一定的中和作用，可以有效地减少酸雨。沙尘在降落过程中还可以吸收工业烟尘和汽车尾气中的氧化硫等物质，不仅过滤空气，一定程度上还可以抑制因大气温室效应增强所造成的全球变暖现象。

此外，沙尘暴所迁移的沙尘一定程度上弥补了一些地区的土壤不足，如撒哈拉沙漠每年因沙尘暴向亚马逊盆地东北部输入的沙尘量有约 1300 万吨，相当于该地区每年每公顷增加 190 千克的土壤。我国黄土高原的形成，一些土石山区的土壤，也是风沙的造化。而且，沙尘暴刮走一些地方土壤中肥沃的浮土，也给降落地增加了土壤中的养分。

三、我国愈演愈烈的沙尘暴天气

经统计，20 世纪 60 年代特大沙尘暴在我国发生过 8 次，70 年代发生过 13 次，80 年代发生过 14 次，而 90 年代至今已发生过 20 多次，并且波及的范围愈来愈广，造成的损失愈来愈重。

1993 年：4 月～5 月上旬，北方多次出现大风天气。4 月 19 日～5 月 8 日，甘肃、宁夏、内蒙古相继遭大风和沙尘暴袭击。其中 5 月 5 日～6 日，一场特大沙尘暴袭击了新疆东部、甘肃河西、宁夏大部、内蒙古西部地区，造成严重损失。

1994 年：4 月 6 日开始，从蒙古国和我国内蒙古西部刮起大风，北部沙漠戈壁的沙尘随风而起，飘浮到河西走廊上空，漫天

震撼

黄土持续数日。

1995年：11月7日，山东40多个县（市）遭受暴风袭击，35人死亡，121人失踪，320人受伤，直接经济损失10亿多元。

1996年：5月29日～30日，自1965年以来最严重的强沙尘暴袭掠河西走廊西部，黑风骤起，天地闭合，沙尘弥漫，树木轰然倒下，人们呼吸困难，遭受破坏最严重的酒泉地区直接经济损失达2亿多元。

1998年：4月5日，内蒙古的中西部、宁夏的西南部、甘肃的河西走廊一带遭受了强沙尘暴的袭击，影响范围很广，波及北京、济南、南京、杭州等地。

同年4月19日，新疆北部和东部吐鄯托盆地遭瞬间风力达12级的大风袭击，部分地区同时伴有沙尘。这次特大风灾造成大量财产损失，有6人死亡、44人失踪、256人受伤。5月19日凌晨，新疆北部地区突遭狂风袭击，阿拉山口、塔城等风口地区风力达9～10级，瞬间风速达每秒32米，其他地区风力普遍达到6～7级。狂风刮倒大树，部分地段电力线路被刮断。

1999年：4月3日～4日，呼和浩特地区接连两天发生持续大风及沙尘暴天气。这次沙尘暴的范围从内蒙古自治区的西部地区一直到东部的通辽市南部，瞬时风速为每秒16米。伊克昭盟达拉特旗风力最高达到10级。

2000年：3月22日～23日，内蒙古自治区出现大面积沙尘暴天气，部分沙尘被大风携至北京上空，加重了扬沙的程度。3月27日，沙尘暴又一次袭击北京城，局部地区瞬时风力达到8～9级。正在安翔里小区一座两层楼楼顶施工的7名工人被大风刮下，两人当场死亡。一些广告牌被大风刮倒，砸伤行人，砸坏车辆。

2002 年：3 月 18 日~21 日，20 世纪 90 年代以来范围最大、强度最强、影响最严重、持续时间最长的沙尘天气过程袭击了我国北方 140 多万平方千米的大地，影响人口达 1.3 亿。

2003 年，我国发生沙尘天气 11 次，影响范围达到和超过 5 省（自治区、直辖市）的沙尘天气 3 次，受到沙尘天气影响的省（自治区、直辖市）为 9 个。

穿上"黄金甲"的车

2004 年，我国发生沙尘天气 6 次，影响范围达到和超过 5 省（自治区、直辖市）的沙尘天气 2 次，受到沙尘天气影响的省（自治区、直辖市）为 11 个。

四、沙尘暴的防治

防沙治沙的立法工作

防沙治沙是一件备受各国关注的大事，被国际社会列为 21 世纪人类所面临的重大问题之一，其立法也备受重视。全球性公约已经制定，各国立法大体分为三种情况，一是制定单独的法律，二是制定有法律约束力的行动计划，三是在环境法中作为一个重要内容加以规范。

1992 年，联合国大会通过 47/188 号决议，决定成立一个防治沙漠化政府间谈判委员会，起草《联合国关于在发生严重干旱和/或沙漠化的国家特别是非洲防治沙漠化的公约》。1994 年在巴

震撼

黎通过了这个公约，并向所有国家开放签字。目前已有 140 多个国家签署了公约，我国是 1994 年签署的。在我国加入公约时，DESERTIFICATION 一词翻译为沙漠化，后来我国有关方面决定翻译为荒漠化。

一些国家单独制定了防沙治沙法律，如丹麦在 1539 年由国王颁布了防沙法，后在 1779 年、1792 年分别修改了这一法律。日本在明治 30 年颁布了防沙法，昭和 62 年进行了一次修改。美国于 1719 年针对海岸沙丘的破坏情况制定了防止植被破坏的法律，在 1976 年为联邦土地管理法中规定要将具有历史、自然等资源的荒漠区划定为荒漠保护区。

澳大利亚在 20 世纪开始出现土地沙化端倪，联邦议会 1936 年颁布草原管理条例，1989 年制定了土壤保护和土地爱护法案。前苏联 1960 年颁布了自然保护法，明确规定将受到风力侵蚀的土地列入法律保护的自然客体。

根据联合国公约的规定，目前全球许多国家都分别制定了防止沙漠化行动计划，我国是最早制定行动计划的国家之一，在《中国 21 世纪议程———中国 21 世纪人口、环境与发展白皮书》的框架内制定了林业发展计划，将防沙治沙作为一项重要内容。

建立沙尘暴的预报体系

沙尘暴的治理任务艰巨而繁重，许多问题未彻底弄明白（如每次沙尘暴物质源的准确地点），且人类驾驭自然的能力极其有限，所以沙尘暴的治理并非一朝一夕就能够完成。而且沙尘暴特别是黑风暴来临时来势凶猛，狂风呼啸，沙尘滚滚，遮天蔽日，十分恐怖，极易造成人员伤亡和财产损失。因此目前建立准确的沙尘暴预报系统对我们来说尤为重要。在沙尘暴来临前进行比较准确的预报，提前做好防灾工作，如加强少年儿童的保护，避开危房以防墙壁倒塌致伤，保护牲畜，及时切断电源防止火灾等，可尽量将损失减小至最低。

沙尘暴的治理和预防措施

沙尘暴的治理和预防措施，可以通过以下几个方面来实施。

1. 减少对自然资源掠夺式的开发。人类对自然资源进行长期掠夺式开发，因而造成自然生态环境被严重破坏，而环境的恶化又为沙尘暴提供了丰富的沙尘物质来源。

2. 恢复植被，加强防止风沙尘暴的生物防护体系。实行依法保护和恢复林草植被，防止土地沙化进一步扩大，尽可能减少沙尘源地。

3. 根据不同地区因地制宜地制定防灾、抗灾、救灾规划，积极推广各种减灾技术，并建设一批示范工程，以点带面逐步推广，进一步完善区域综合防御体系。

4. 控制人口增长，减轻人为因素对土地的压力。

5. 加强沙尘暴的发生、危害与人类活动的关系的科普宣传，使人们认识到所生活的环境一旦破坏，就很难恢复，不仅加剧沙尘暴等自然灾害，还会形成恶性循环，所以人们要自觉地保护自己的生存环境。

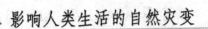

震撼

沙尘天气注意事项

1. 注意走路、骑车时，尽量避免走高层楼之间的狭长通道。因为狭长通道会形成"狭管效应"，风力在通道中会加大，从而对行进在其中的行人带来一定的危险。

2. 注意不要在广告牌和老树下长时间逗留。有的广告牌由于安装不牢，在强大风力的作用下有可能脱落或倒塌。而一些老树由于已经枯死，根基不牢，也有可能在大风天气中断裂，给行人造成危险。

3. 注意驾驶轻型车。由于轻型车重量较轻，在高速行驶中可能被大风掀起，所以要在轻型车上放一些重物，或者慢速行驶。

4. 注意尽量少骑自行车。

5. 尽量避开室外锻炼，尤其是老人、体弱者，在沙尘天气时应该取消晨练，在室内锻炼。

6. 增加个人防护。细微的尘土无孔不入，一旦携带病菌，就会造成身体伤害。为防止有害物进入呼吸道，体质较弱者外出时口罩、帽子、丝巾、眼镜一样都不能少。在遭遇沙尘天气后，最好洗个热水澡，全面彻底地清除体表尘沙，更换衣服，保持身体洁净舒适，从根本上断绝沙尘可能对身体的影响。

7. 保持空气湿度。试验表明，50%～60%的相对湿度对人体最为舒适。在风沙天气里，空气十分干燥，相对湿度偏小，人们咽干口燥，容易上火，导致容易引发或者加重呼吸系统疾病，还会使皮肤干燥，失去水分。对此，室内可以使用加湿器，以及洒水、用湿墩布拖等方法，以保持空气湿度适宜。

8. 沙尘天气很干燥，易诱发鼻出血、干眼病、角膜炎、咽炎等病。经常有鼻出血情况者，应常在鼻腔里滴几滴水，保持鼻腔的湿润，或可口含润喉片，使咽喉凉爽舒适。最重要的是利用一切机会锻炼身体，以增加肌体抵抗力。

9. 沙尘天气应大量饮水。多吃粥类、汤类、果汁，增加肌体水分含量，以防治口干舌燥、咽喉干痒、鼻子冒烟甚至唇裂。

震撼

影响人类生活的自然灾变

第三章 旱灾 (Drought)

一、震撼现场——埃塞俄比亚大旱致 30 万人死亡

1984 年 10 月 18 日，非洲正经历着 20 世纪以来最大的一次干旱和饥荒。从非洲北部至南部有 34 个国家遭受大旱，24 国发生了饥荒，1.5 亿～1.85 亿人受到饥饿的威胁。遭受灾害严重的地区河流干涸，田地龟裂，黄沙弥漫，牲畜倒毙，至少 1000 万人背井离乡，东奔西走寻觅食物。日内瓦红十字协会说，1983 年非洲有 1600 万人死于饥饿或与营养不良有关的疾病，1984 年的死亡数字肯定更高。联合国称这次大旱为"非洲近代史上最大的人类灾难"。

受灾最严重的国家是埃塞俄比亚。全国 4200 万人中约有 900 万人受到饥馑的威胁。据报，至 1984 年 10 月 18 日已有 30 多万人被饿死。目击者说，北部地区多年无雨，万木凋零，存粮都已吃光。在沃洛省的一个救济站，那里食品只够分给 3000 人，而等待救济的有 10 万人。每天死亡人数达 100 人。在一顶满是灰尘的帐篷中，形容枯槁的一个男子把面黄肌瘦的儿子放到摇篮里，然后拿起一碗粥，轻轻地送到孩子的唇边，这个骨瘦如柴的孩子只是睁着眼看，他已经不会进食了。在去救济站的沿途，人们耐心

30

等待过往的车子发放食品。在巴提难民营，大约1.6万人挤在一个相当于一个足球场的帐篷城里。1983年12月，这个难民营每天死亡达120人，其中大多数是儿童。

1984年10月30日，总部设在罗马的联合国粮农组织宣布，世界粮食计划署将向6个非洲和拉美国家的110多万灾民和难民提供相当于1580万美元的紧急粮食援助。

二、认识旱灾

旱灾指长期缺水或降水不足，作物对水分的需要量或从土壤中汲取的水量在一个相当时期内不相适应，而使作物生长受限或死亡，产量下降或绝收的气象灾害。旱灾是普遍性的自然灾害，不仅农业受灾，严重的还影响到工业生产、城市供水和生态环境。中国通常将农作物生长期内因缺水而影响

干旱的土地

正常生长称为受旱，受旱减产三成以上称为成灾。经常发生旱灾的地区称为易旱地区。

旱灾起因

旱灾的形成可能有以下几个方面的原因：（1）长期少雨而空气干燥、土壤缺水严重。土壤水分不足，不能满足牧草等农作物生长的需要，造成较大的减产或绝产的灾害。（2）不存在

可能带来降水的暖湿气流。（3）处于周期性的干旱期。（4）气温显著偏高。（5）随着人类的经济发展和人口膨胀、水资源短缺现象日趋严重，从而直接导致了干旱地区的扩大与干旱化程度的加重。

干旱等级划分

干旱是因长期少雨而空气干燥、土壤缺水的气候现象。

小旱：连续无降雨天数，春季达 16～30 天、夏季 16～25 天、秋冬季 31～50 天。

中旱：连续无降雨天数，春季达 31～45 天、夏季 26～35 天、秋冬季 51～70 天。

大旱：连续无降雨天数，春季达 46～60 天、夏季 36～45 天、秋冬季 71～90 天。

特大旱：连续无降雨天数，春季在 61 天以上、夏季在 46 天以上、秋冬季在 91 天以上。

旱区分布

旱灾的形成主要取决于气候。通常将年降水量少于 250 毫米的地区称为干旱地区，年降水量为 250～500 毫米的地区称为半干旱地区。世界上干旱地区约占全球陆地面积的 25%，大部分集中在非洲撒哈拉沙漠边缘，中东和西亚，北美西部，澳洲的大部和中国的西北部。这些地区常年降雨量稀少而且蒸发量大，农业主要依靠山区融雪或者上游地区来水，如果融雪量或来水量减少，就会造成干旱。世界上半干旱地区约占全球陆地面积的 30%，包括非洲北部一些地区，欧洲南部，西南亚；北美中部以及中国北方等。这些地区降雨较少，而且分布不均，因而极易造成季节性干旱，或者常年干旱甚至连续干旱。

中国大部属于亚洲季风气候区，降水量受海陆分布、地形等因素影响，在区域间、季节间和多年间分布很不均衡，因此旱灾发生的时期和程度有明显的地区分布特点。秦岭淮河以北地区春旱突出，有"十年九春旱"之说。黄淮海地区经常出现春夏连旱，甚至春夏秋连旱，是全国受旱面积最大的区域。长江中下游地区主要是伏旱和伏秋连旱，有的年份虽在梅雨季节，还会因梅雨期缩短或少雨而形成干旱。西北大部分地区、东北地区西部常年受旱。西南地区春夏旱对农业生产影响较大，四川东部则经常出现伏秋旱。华南地区旱灾也时有发生。

旱灾的危害

旱灾的危害包括以下几个方面：（1）干旱的最直接危害是造成农作物减质、减产，农业歉收。如：早稻高温逼熟造成空壳率增加，部分稻田出现了开裂、倒伏现象。旱地作物旱象更为明显，花生枯死，脐橙出现叶片发黄、卷曲等干旱症状。（2）在严重干旱时，人们饮水发生困难，生命受到威胁。（3）干旱将造成水利发电量减少，能源紧张，严重影响经济建设和人们生活。（4）在干旱季节，容易发生火灾，且难以控制和扑灭。大多数火灾，特别是大的森林火灾都发生在干旱季节。（5）旱灾还常常带来蝗灾的发生。

三、历史上的旱灾

回顾生物进化和人类文明的历史，干旱不仅导致恐龙灭绝，使生物界几度濒临毁灭，而且也曾使人类文明的发展遭受许多挫折：

古希腊伟大文化的中心——位于雅典西南 100 千米，历经几世纪繁荣文明的迈锡尼（Mycenae），于耶稣诞生前 1200 年前后，因为旱灾及由旱灾引起的饥民暴动而变为废墟，迈锡尼文化也随之彻底毁灭。

我国唐代天宝末年到乾元初，公元 8 世纪中期，连年大旱，以致瘟疫横行，出现过"人食人"，"死人七八成"的悲惨景象，全国人口由原来的 5000 多万降为 1700 万左右。

明崇祯年间，我国华北、西北 1627～1640 年发生了连续 14 年的大范围干旱，以致呈现出"赤地千里无禾稼，饿殍遍野人相食"的凄惨景象。这次特大旱灾加速了明王朝的灭亡。与此类似的另两次大旱灾发生于 1720～1723 年和 1875～1878 年间，灾民因饥饿而出现"人相食"的县数分别为 48 和 38 个，其中有 4 个县井泉枯竭或河沟断流。

光绪初年，我国华北地区发生了一场特大旱灾。1876～1879 年，大旱持续了整整 4 年；受灾地区有山西、河南、陕西、直隶（今河北）、山东等北方 5 省，并波及苏北、皖北、陇东和川北等地区；大旱使农产绝收，田园荒芜，饿死的人竟达 1000 万以上。由于这次大旱以 1877 年、1878 年为主，而这两年的阴历干支纪年属丁丑、戊寅，所以人们称之为"丁戊奇荒"。

到了 20 世纪，旱灾的严重程度在各种自然灾害中高居首位，其中有 5 次灾害尤为突出。它们是：

1920 年，中国北方大旱。山东、河南、山西、陕西、河北等省遭受了 40 多年未遇的大旱灾，灾民 2000 万，死亡 50 万人。

1928～1929 年，中国陕西大旱。陕西全境共 940 万人受灾，死者达 250 万人，逃者 40 余万人，被卖妇女竟达 30 多万人。

1943 年，中国广东大旱。许多地方年初至谷雨没有下雨，造成严重粮荒，仅台山县饥民就死亡 15 万人。有些灾情严重的村子，人口损失过半。

1943 年，印度、孟加拉等地大旱。无水浇灌庄稼，粮食歉收，造成严重饥荒，死亡 350 万人。

1968～1973 年，非洲大旱。涉及 36 个国家，受灾人口 2500 万人，逃荒者逾 1000 万人，累计死亡人数达 200 万以上。仅撒哈拉地区死亡人数就超过 150 万。

在以上 5 次世界性特大旱灾中，我国占有 3 次，均发生在新中国建立之前。

四、防旱与抗旱

干旱预警信号

干旱预警信号分两级，分别以橙色、红色表示。干旱指标等级划分，以国家标准《气象干旱等级》（GB/T 20481－2006）中的综合气象干旱指数为标准。

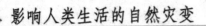

震撼

图 例	含 义	防御指南
干旱橙色预警信号	预计未来一周综合气象干旱指数达到重旱（气象干旱为 25～50 年一遇），或者某一县（区）有 40% 以上的农作物受旱。	1. 有关部门和单位按照职责做好防御干旱的应急工作； 2. 有关部门启用应急备用水源，调度辖区内一切可用水源，优先保障城乡居民生活用水和牲畜饮水； 3. 压减城镇供水指标，优先经济作物灌溉用水，限制大量农业灌溉用水； 4. 限制非生产性高耗水及服务业用水，限制排放工业污水； 5. 气象部门适时进行人工增雨作业。
干旱红色预警信号	预计未来一周综合气象干旱指数达到特旱（气象干旱为 50 年以上一遇），或者某一县（区）有 60% 以上的农作物受旱。	1. 有关部门和单位按照职责做好防御干旱的应急和救灾工作； 2. 各级政府和有关部门启动远距离调水等应急供水方案，采取提外水、打深井、车载送水等多种手段，确保城乡居民生活和牲畜饮水； 3. 限时或者限量供应城镇居民生活用水，缩小或者阶段性停止农业灌溉供水； 4. 严禁非生产性高耗水及服务业用水，暂停排放工业污水； 5. 气象部门适时加大人工增雨作业力度。

防止干旱的主要措施

自然界的干旱是否造成灾害，受多种因素的影响，对农业生产的危害程度则取决于人为措施的实施状况。世界范围各国防止干旱的主要措施是：

1. 因地制宜实行农林牧相结合的生态结构，改善农业生态环境，可减轻和避免干旱的威胁。

2. 兴修水利，发展农田灌溉事业。制定用水计划，科学用水，节约用水，充分发挥现有水源的最大效益；

3. 改进耕作制度，改变作物构成，选育耐旱品种，充分利用有限的降雨；

4. 植树造林，改善区域气候，减少蒸发，降低干旱风的危害；

5. 研究应用现代技术和节水措施，例如人工降雨，喷滴灌、地膜覆盖、保墒，以及暂时利用质量较差的水源，包括劣质地下水以至海水等。

6. 营造防风林，广种树草，提高绿化面积指数，也是防御干旱的有效措施。

第四章　滑坡（Landslide）

一、震撼现场——600 万立方米的土石从坡脚冲出

1985 年 6 月 10 日 4 时 15 分，湖北省秭归县新滩镇姜家坡坎下西南沟槽发生 70 万立方米的崩滑。6 月 12 日 3 时半在新滩西侧产生闷雷般的巨大响声；15 分钟之后，东侧也发生巨大响声，随之发生了惊天动地的整体大滑动。600 万立方米的土石从姜家坡脚下冲出，前缘主滑体沿两侧沟槽向西南直扑入江，形成高出水面的长约 93 米、宽 250 米的扇形滑舌。据水下地形测量，滑舌前缘在水下抵达对岸，使江床壅高，入江土方量约 200 万立方米。入江时造成强大有涌浪，对岸涌浪迹线高达 54 米，在上游 5.5 千米的香溪镇为 7 米，15 千米的秭归县城为 1 米，余浪涌进香溪河 2 千米处还掀翻 4 只小木船；涌浪在下游 2 千米处递减为 10 米，10 千米处递减为 2 米，至三斗坪坝址则递减为不足 1 米。

经调查，崩滑的土石总方量约 3000 万立方米。入江的土石堵塞江面 1/3。土石垫高了航道，致使原已改善的滩险，再次成为长江汛期的一等滩。新滩镇全部被摧毁，毁房 1569 间；毁农田 52 公顷、柑橘树 3.45 万株、柑橘树苗 50 万株；涌浪冲翻和击沉新滩上下游 8 千米内停舶的机动船 13 艘、木船 64 条，死亡人数 10 人（失踪 2 人）、受伤人数 8 人，直接经济损失 700 万

元以上。

二、认识滑坡

斜坡上的部分岩体和土体在自然或人为因素的影响下沿某个滑动面发生剪切破坏向下运动的现象称为滑坡。滑动面可以是受剪应力最大的贯通性剪切破坏面或带，也可以是岩体中已有的软弱结构面。规模大的滑坡一般是缓慢地、长期地往下滑动，有些滑坡滑动速度也很快，其过程分为蠕动变形和滑动破坏阶段，但也有一些滑坡表现为急剧的滑动，下滑速度从每秒几米到几十米不等。滑坡多发生在山地的山坡、丘陵地区的斜坡、岸边、路堤或基坑等地带。滑坡对工程建设的危害很大，轻则影响施工，重则破坏建筑；由于滑坡，常使交通中断，影响公路的正常运输；大规模的滑坡，可以堵塞河道，摧毁公路，破坏厂矿，掩埋村庄，对山区建设和交通设施危害很大。

山体滑坡

滑坡的形态特征

滑坡在平面上的边界和形态特征与滑坡的规模、类型及所处的发育阶段有关。一个发育完全的滑坡，一般包括：（1）滑坡体，指滑坡发生后与母体脱离开的滑动部分；（2）滑动带，滑动时形成的碾压破碎带；（3）滑动面，滑坡体沿着下滑的表面；（4）滑坡床，滑体以下固定不动的岩土体，它基本上未变形，保持了原有的岩体结构；（5）滑坡壁，滑体后部和母体脱离开的分界面，暴露在外面的部分，平面上多呈圈椅状；（6）滑坡台阶，由于各段滑体运动速度的差异而在滑体上部形成的滑坡错台；（7）滑坡舌，又称滑坡前缘或滑坡头，在滑坡前部，形如舌状伸入沟谷或河流，甚至越过河对岸；（8）滑坡周界，指滑坡体与其周围不动体在平面上的分界线，它决定了滑坡的范围；（9）封闭洼地，滑体与滑坡壁之间拉开成沟槽，相邻滑体形成反坡地形，形成四周高中间低的封闭洼地；（10）主滑线，又称滑坡轴，滑坡在滑动时运动速度最快的纵向线，它代表滑体的运动方向；（11）滑坡裂隙，分为四类：分布在滑坡体上部的拉张裂隙；分布在滑体中部两侧的剪切裂隙；分布在滑坡体中下部的扇状裂隙；分布在滑坡体下部的鼓张裂隙。由此可见，一个完整的滑坡应该包括以上 11 个部分。当然，在实际的滑坡现象中，有时候很难分清楚各个部分明显的边界。

滑坡的等级划分

小型滑坡：滑坡体积小于 10×10^4 立方米；

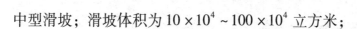

中型滑坡；滑坡体积为 $10 \times 10^4 \sim 100 \times 10^4$ 立方米；

大型滑坡：滑坡体积为 $100 \times 10^4 \sim 1000 \times 10^4$ 立方米；

特大型滑坡（巨型滑坡）：滑坡体体积大于 1000×10^4 立方米。

滑坡的分类

对于一个滑坡，从不同的角度可以有不同的分类，从研究山坡发展形成历史出发，可以分为古滑坡、老滑坡、新滑坡、现代滑坡等类型；按滑坡的发展阶段，将滑坡分为幼年期、青年期、壮年期和老年期；按滑坡的滑动力学特征，则可分为推动式、平移式和牵引式滑坡。在实践中，可以根据突出因素对滑坡进行分类，分类的原则就是看对我们认识、防治和处理此滑坡是否有帮助。

滑坡的形成条件

要探讨滑坡的形成条件，就必须考虑影响边坡稳定性的因素，影响边坡稳定性的因素有内在因素和外在因素两个方面。内在因素有组成边坡岩土体的性质、地质构造、岩体结构、地应力等。它们常常起着主要的控制作用。外在因素有地表水和地下水的作用、地震、风化作用、人工开挖、爆破以及工程荷载等。其中地表水和地下水是影响边坡稳定最重要、最活跃的外在因素，其他大多起触发作用。查明和掌握这些影响因素对了解边坡失稳的发生、发展规律，以及制定防治措施是非常必要的。

震撼

1. 滑坡形成的内部条件

产生滑坡的内部条件与组成边坡的岩土的性质、结构、构造和产状等有关。不同的岩土，它们的抗剪强度、抗风化和抗水侵蚀的能力都不相同，如坚硬致密的硬质岩石，它们的抗剪强度较大，抗风化的能力也较高，在水的作用下岩性也基本没有变化，因此，由它们所组成的边坡往往不容易发生滑坡。反之，如页岩、片岩以及一般的土则恰好相反，因此，由它们所组成的边坡就比较容易发生滑坡。从岩土的结构、构造来说，主要的是岩（土）层层面、断层面、裂隙等的倾向对滑坡的发育有很大的关系。同时，这些部位又易于风化，抗剪强度也低。当它们的倾向与边坡坡面的倾向一致时，就容易发生顺层滑坡以及在堆积层内沿着基岩面滑动；否则反之。边坡的断面尺寸对边坡的稳定性也有很大的关系，边坡也陡，其稳定性就越差，越容易发生滑动。如果坡高和边坡的水平长度都相同，但一个是放坡到顶，而另一个却是在边坡中部设置一个平台，由于平台对边坡的反压作用，就增加了边坡的稳定性。此外，滑坡若要向前滑动，其前沿就必须要有一定的空间，否则滑坡就无法向前滑动。山区河流的冲刷、河谷的深切以及不合理的大量切坡都能形成高陡的临空面，而为滑坡的发育提供良好的条件。总之，当边坡的岩性、构造和产状等有利于边坡的发育，并在一定的外部条件下引起边坡的岩性、构造和产状等发生变化时，就能发生滑坡。

2. 滑坡形成的外部条件

滑坡发育的外部条件主要有水的作用，不合理的开挖和坡面上的加载、振动、采矿等，以前两者为主。调查表明：90%以上的滑坡与水的作用有关。水的来源不外乎大气降水、地表水、地下水、农田灌溉的渗水、高位水池和排水管道等的漏水等。不管来源怎样，一旦水进入斜坡岩土体内，它将增加岩土的重度并产生软化作用，降低岩土的抗剪强度，产生静水压力和动水力，冲刷或侵蚀坡脚，对不透水层上的上覆岩土层起润滑作用，当地下水在不透水层顶面上汇集成层时，它还对上覆地层产生浮力作用等等。总之，水的作用将会改变组成边坡的岩土的性质、状态、结构和构造等。因此，不少滑坡在旱季原来接近于稳定，而一到雨季就急剧活动，形成"大鱼大滑，小雨小滑，不雨不滑"。这也说明了雨水和滑坡的关系。山区建设中还常由于不合理的开挖坡脚或不适当的在边坡上填放弃土、建造房屋或堆置材料，以致破坏斜坡的平衡条件而发生滑动。此外，振动对滑坡的发生和发展也有一定的影响，如大地震时往往伴有大滑坡发生，爆破有时也会引发滑坡。

影响滑坡活动强度的主要因素

滑坡的活动强度，主要与滑坡的规模、滑移速度、滑移距离及其蓄积的位能和产生的功能有关。一般讲，滑坡体的位置越高、体积越大、移动速度越快、移动距离越远，则滑坡的活动强度也就越高，危害程度也就越大。具体讲来，影响滑坡活动强度的因素有：

（1）地形：坡度、高差越大，滑坡位能越大，所形成滑坡的滑速越高。斜坡前方地形的开阔程度，对滑移距离的大小有很大影响。地形越开阔，则滑移距离越大。

震撼

（2）岩性：组成滑坡体的岩、土的力学强度越高、越完整，则滑坡往往就越少。构成滑坡滑面的岩、土的性质，直接影响着滑速的高低，一般讲，滑坡面的力学强度越低，滑坡体的滑速也就越高。

（3）地质构造：切割、分离坡体的地质构造越发育，形成滑坡的规模往往也就越大越多。

（4）诱发因素：诱发滑坡活动的外界因素越强，滑坡的活动强度则越大。如强烈地震、特大暴雨所诱发的滑坡多为大的高速滑坡。

滑坡的活动时间规律

滑坡的活动时间主要与诱发滑坡的各种外界因素有关，如地震、降温、冻融、海啸、风暴潮及人类活动等。大致有如下规律：

（1）同时性：有些滑坡受诱发因素的作用后，立即活动。如强烈地震、暴雨、海啸、风暴潮等发生时和不合理的人类活动，如开挖、爆破等，都会有大量的滑坡出现。

（2）滞后性：有些滑坡发生时间稍晚于诱发作用因素的时间。如降雨、融雪、海啸、风暴潮及人类活动之后。这种滞后性规律在降雨诱发型滑坡中表现最为明显，该类滑坡多发生在暴雨、大雨和长时间的连续降雨之后，滞后时间的长短与滑坡体的岩性、结构及降雨量的大小有关。一般讲，滑坡体越松散、裂隙越发育、降雨量越大，则滞后时间越短。此外，人工开挖坡脚之后，堆载及水库蓄、泄水之后发生的滑坡也属于这类。由人为活动因素诱发的滑坡的滞后时间的长短与人类活动的强度大小及滑坡的原先稳定程度有关。人类活动强度越大、滑坡体的稳定程度越低，则滞后时间越短。

滑坡的空间分布规律

滑坡的空间分布主要与地质因素和气候等因素有关。通常下列地带是滑坡的易发和多发地区：

（1）江、河、湖（水库）、海、沟的岸坡地带，地形高差大的峡谷地区，山区、铁路、公路、工程建筑物的边坡地段等。这些地带为滑坡形成提供了有利的地形地貌条件；

（2）地质构造带之中，如断裂带、地震带等。通常地震烈度大于 7 度的地区，坡度大于 25 度的坡体，在地震中极易发生滑坡；断裂带中的岩体破碎、裂隙发育，则非常有利于滑坡的形成；

（3）易滑（坡）的岩、土分布区。如松散覆盖层、黄土、泥岩、页岩、煤系地层、凝灰岩、片岩、板岩、千枚岩等岩、土的存在，为滑坡的形成提供了良好的物质基础；

（4）暴雨多发区或异常的强降雨地区。在这些地区，异常的降雨为滑坡发生提供了有利的诱发因素。

上述地带的叠加区域，就形成了滑坡的密集发育区。如中国从太行山到秦岭，经鄂西、四川、云南到藏东一带就是这种典型地区，滑坡发生密度极大，危害非常严重。

三、近年来我国的滑坡灾害

1991 年 9 月 26 日云南省昭通市盘河乡日前发生高位高速特大山体滑坡，造成死 216 人，伤 7 人，经济损失近百万元。

2000年4月9日晚8时左右，位于西藏林芝地区波密县境内的易贡藏布河扎木弄沟发生大规模的山体滑坡，历时约10分钟。致使波密县易贡、八盖两乡和易贡茶场与外界的交通中断，4000多人被围困。此次大规模山体滑坡滑长约8千米，高差约3330米。滑坡体截断了易贡藏布河，形成长约2500米、宽约2500米、平均高约60米的滑坡堆积体，体积约2.8亿~3.0亿立方米。

2004年5日13时50分，重庆市万盛区万东镇新华村胡家沟社一山体由于暴雨形成的山洪冲刷，致使山体和南桐矿务局东林煤矿煤矸石渣场拦堤被冲垮，山体及矿渣约20万立方米沿坡地向前推移约500米，覆盖山脚14户村民住房，房屋被土石方压塌，夷为平地，造成多人死亡及失踪。

2007年6月16日~20日，重庆云阳县遭受暴雨袭击，6月22日，距离云阳新县城8千米的云阳县双江镇建民村，突然发生重大山体滑坡。造成当地农户房屋垮塌30余间、损毁家具100多件、活埋牲畜50多头，以及电源、通讯、公路、水利等基础设施破坏严重，直接经济损失达50余万元。

2008年1月3日中午，涪陵区第五中学附近（桥南天子殿社区）发生大规模山体滑坡，连绵滑坡山体顶点高约130米，整体方量约250万土石方，滑坡超过16万土石方，"吞噬"迎宾大道长达360米。

2009年5月16日下午，兰州市九洲开发区石峡口小区发生山体滑坡。由于滑坡剪出口高出地面30多米，滑动势能大，破坏力强，而居民楼离山体很近，崩塌的2万余立方米黄土将小区内4号楼两个单元的楼体全部摧毁，冲倒在7米多深的排洪沟内，

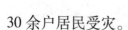

30 余户居民受灾。

四、滑坡的预警和防治

滑坡前的异常现象

不同类型、不同性质、不同特点的滑坡，在滑动之前，均会表现出不同的异常现象。显示出滑坡的预兆（前兆）。归纳起来，常见的有如下几种：

（1）大滑动之前，在滑坡前缘坡脚处，有堵塞多年的泉水复活现象，或者出现泉水（井水）突然干枯，井（钻孔）水位突变等之类的异常现象。

（2）在滑坡体中，前部出现横向及纵向放射状裂缝，它反映了滑坡体向前推挤并受到阻碍，已进入临滑状态。

（3）大滑动之前，滑坡体前缘坡脚处，土体出现上隆（凸起）现象，这是滑坡明显的向前推挤的现象。

（4）大滑动之前，有岩石开裂或被剪切挤压的声音。这种现象反映了深部变形与破裂。动物对此十分敏感，有异常反映。

（5）临滑之前，滑坡体四周岩（土）体会出现小型崩塌和松弛现象。

（6）如果在滑坡体有长期位移观测资料，那么大滑动之前，无论是水平位移量或垂直位移量，均会出现加速变化的趋势。这是临滑的明显迹象。

（7）滑坡后缘的裂缝急剧扩展，并从裂缝中冒出热气或冷风。

震撼

（8）临滑之前，在滑坡体范围内的动物惊恐异常，植物变态。如猪、狗、牛惊恐不宁，不入睡，老鼠乱窜不进洞。树木枯萎或歪斜等。

滑坡的识别方法

在野外，从宏观角度观察滑坡体，可以根据一些外表迹象和特征，粗略地判断它的稳定性。

已稳定的老滑坡体有以下特征：

（1）后壁较高，长满了树木，找不到擦痕，且十分稳定；

（2）滑坡平台宽大、且已夷平，土体密实，有沉陷现象；

（3）滑坡前缘的斜坡较陡，土体密实，长满树木，无松散崩塌现象。前缘迎河部分有被河水冲刷过的现象；

（4）目前的河水远离滑坡的舌部，甚至在舌部外已有漫滩、阶地分布；

（5）滑坡体两侧的自然冲刷沟切割很深，甚至已达基岩；

（6）滑坡体舌部的坡脚有清晰的泉水流出。

不稳定的滑坡体常具有下列迹象：

（1）滑坡体表面总体坡度较陡，而且延伸很长，坡面高低不平；

（2）有滑坡平台、面积不大，且有向下缓倾和未夷平现象；

（3）滑坡表面有泉水、湿地，且有新生冲沟；

（4）滑坡表面有不均匀沉陷的局部平台，参差不齐；

（5）滑坡前缘土石松散，小型坍塌时有发生，并面临河水冲刷的危险；

（6）滑坡体上无巨大直立树木。

滑坡的防治

滑坡的防治要贯彻"及早发现，预防为主；查明情况，综合治理；力求根治，不留后患"的原则并结合边坡失稳的因素和滑坡形成的内外部条件。治理滑坡可以从以下两个大的方面着手：

1. 消除和减轻地表水和地下水的危害

滑坡的发生常和水的作用有密切的关系，因此，消除和减轻水对边坡的危害尤其重要，其目的是：降低孔隙水压力和动水压力，防止岩土体的软化及溶蚀分解，消除或减小水的冲刷和浪击作用。具体做法有：防止外围地表水进入滑坡区，可在滑坡边界修截水沟；在滑坡区内，可在坡面修筑排水沟。在覆盖层上可用浆砌片石或人造植被铺盖，防止地表水下渗。对于岩质边坡还可用喷混凝土护面或挂钢筋网喷混凝土。排除地下水的措施很多，应根据边坡的地质结构特征和水文地质条件加以选择。常用的方法有：（1）水平钻孔疏干；（2）垂直孔排水；（3）竖井抽水；（4）隧洞疏干；（5）支撑盲沟。

2. 改善边坡岩、土体的力学强度

通过一定的工程技术措施，改善边坡岩土体的力学强度，提高其抗滑力，减小滑动力。常用的措施有：

（1）削坡减载：用降低坡高或放缓坡角来改善边坡的稳定性。削坡设计应尽量削减不稳定岩、土体的高度，而阻滑部分岩、土体不应削减。此法并不总是最经济、最有效的措施，要在施工

前作经济技术比较。

（2）边坡人工加固：常用的方法有：①修筑挡土墙、护墙等支挡不稳定岩体；②钢筋混凝土抗滑桩或钢筋桩作为阻滑支撑工程；③预应力锚杆或锚索，适用于加固有裂隙或软弱结构面的岩质边坡；④固结灌浆或电化学加固法加强边坡岩体或土体的强度等。

第五章 泥石流（Debris flow）

一、震撼现场——委内瑞拉的泥石流之灾

每年雨季，委内瑞拉北部都会面临泥石流的威胁。1999年圣诞节前夕，委内瑞拉北部地区经受了连绵不绝的倾盆大雨，居民陷入恐慌之中。因为他们意识到，这场大雨将会引发一场前所未有的泥石流。事实验证了人们的猜测。

1999年12月15日~16日，委内瑞拉北部阿维拉山区加勒比海沿岸的8个州连降特大暴雨，造成山体大面积滑塌，数10条沟谷同时暴发大规模的泥石流，汹涌的泥流从山坡上奔泻而下，到处横冲直撞，像野兽一样，毫不留情地吞噬着沿途的一切，数万人的生命在它的魔爪之下苦苦挣扎。大量房屋被冲毁，多处公路被毁，大片农田被淹。据估计，委内瑞拉全国有33.7万人受灾，14万人无家可归，死亡人数超过3万，经济损失高达100亿美元，这场泥石流以它前所未有的破坏性，成为20世纪南美洲最严重的自然灾难。

二、认识泥石流

泥石流是山区沟谷中，由暴雨、冰雪融水等水源激发的，含有大量的泥砂、石块的特殊洪流。其特征往往为突然暴发，浑浊的流

震撼

体沿着陡峻的山沟前推后拥，奔腾咆哮而下，地面为之震动、山谷犹如雷鸣。在很短时间内将大量泥砂、石块冲出沟外，在宽阔的堆积区横冲直撞、漫流堆积，常常给人类生命财产造成重大危害。

泥石流

泥石流按其物质成分可分为三类：由大量黏性土和粒径不等的砂粒、石块组成的叫泥石流；以黏性土为主，含少量砂粒、石块、黏度大、呈稠泥状的叫泥流；由水和大小不等的砂粒、石块组成的称为水石流。

泥石流按其物质状态可分为两类：一是黏性泥石流，含大量黏性土的泥石流或泥流。其特征是：黏性大，固体物质占40%～60%，最高达80%。其中的水不是搬运介质，而是组成物质，稠度大，石块呈悬浮状态，暴发突然，持续时间短，破坏力大。二是稀性泥石流，以水为主要成分，黏性土含量少，固体物质占10%～40%，有很大分散性。水为搬运介质，石块以滚动或跃移方式前进，具有强烈的下切作用。其堆积物在堆积区呈扇状散流，停积后似"石海"。

以上是我国最常见的两种分类。除此之外还有多种分类方法。如按泥石流的成因分类有：水川型泥石流、降雨型泥石流；按泥石流流域大小分类有：大型泥石流、中型泥石流和小型泥石流；按泥石流发展阶段分类有：发展期泥石流、旺盛期泥石流和衰退期泥石流等等。

泥石流形成的基本条件

泥石流的形成必须同时具备以下 3 个条件：①陡峻的便于集水、集物的地形、地貌；②有丰富的松散物质；③短时间内有大量的水源。

（1）地形地貌条件：在地形上具备山高沟深，地形陡峻，沟床纵坡度降大，流城形状便于水流汇集。在地貌上，泥石流的地貌一般可分为形成区、流通区和堆积区三部分。上游形成区的地形多为三面环山，一面出口的瓢状或漏斗状，地形比较开阔、周围山高坡陡、山体破碎、植被生长不良，这样的地形有利于水和碎屑物质的集中；中游流通区的地形多为狭窄陡深的峡谷，谷床纵坡度降大，使泥石流能迅猛直泻；下游堆积区的地形为开阔平坦的山前平原或河谷阶地，使堆积物有堆积场所。

（2）松散物质来源条件：泥石流常发生于地质构造复杂、断裂褶皱发育，新构造活动强烈，地震烈度较高的地区。地表岩石有破碎，崩塌、错落、滑坡等不良地质现象发育，为泥石流的形成提供了丰富的固体物质来源；另外，岩层结构松散、软弱，易于风化、节理发育或软硬相间成层的地区，因易受破坏，也能为

震撼

泥石流提供丰富的碎屑物来源；一些人类工程活动，如滥伐森林造成水土流失，开山采矿、采石弃渣等，往往也为泥石流提供大量的物质来源。

（3）水源条件：水既是泥石流的重要组成部分，又是泥石流的激发条件和搬运介质（动力来源）。泥石流的水源，有暴雨、水雪融水和水库（池）溃决水体等形式。我国泥石流的水源主要是暴雨、长时间的连续降雨等。

泥石流发生的时间规律

泥石流发生的时间具有如下三个规律：

（1）季节性：我国泥石流的暴发主要是受连续降雨、暴雨，尤其是特大暴雨的激发。因此，泥石流发生的时间规律与集中降雨时间规律相一致，具有明显的季节性。一般发生在多雨的夏秋季节。因集中降雨的时间的差异而有所不同。四川、云南等西南地区的降雨多集中在6~9月，因此西南地区的泥石流多发生在6~9月；而西北地区降雨多集中在6、7、8三个月，尤其是7、8两个月降雨集中，暴雨强度大，因此西北地区的泥石流多发生在7、8两个月。据不完全统计，发生在这两个月的泥石流灾害约占该地区全部泥石流灾害的90%以上。

（2）周期性：泥石流的发生受暴雨、洪水、地震的影响，而暴雨、洪水、地震总是周期性地出现。因此，泥石流的发生和发展也具有一定的周期性，且其活动周期与暴雨、洪水、地震的活动周期大体相一致。当暴雨、洪水两者的活动周期相叠加时，常常形成泥石流活动的一个高潮。如云南省东川地区在1966年是近

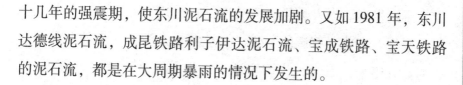

十几年的强震期，使东川泥石流的发展加剧。又如1981年，东川达德线泥石流，成昆铁路利子伊达泥石流、宝成铁路、宝天铁路的泥石流，都是在大周期暴雨的情况下发生的。

泥石流的分布特点

我国泥石流的分布明显受地形、地质和降水条件的控制。特别是在地形条件上表现得更为明显。

（1）泥石流在我国集中分布在两个带上。一是青藏高原与次一级的高原与盆地之间的接触带；另一个是上述的高原、盆地与东部的低山丘陵或平原的过渡带。

（2）在上述两个带中，泥石流又集中分布在一些大断裂、深大断裂发育的河流沟谷两侧。这是我国泥石流的密度最大、活动最频繁、危害最严重的地带。

（3）在各大型构造带中，具有高频率的泥石流，又往往集中在板岩、片岩、片麻岩、混合花岗岩、千枚岩等变质岩系及泥岩、页岩、泥灰岩、煤系等软弱岩系和第四系堆积物分布区。

（4）泥石流的分布还与大气降水、水雪融化的显着特征密切相关。即高频率的泥石流，主要分布在气候干湿季较明显、较暖湿、局部暴雨强大、水雪融化快的地区。如云南、四川、甘肃、西藏等。低频率的稀性泥石流主要分布在东北和南方地区。

泥石流的诱发因素

随着工农业生产的发展，人类对自然资源的开发程度和规模也在不断发展。当人类经济活动违反自然规律时，必然引起大自然的报复，有些泥石流的发生，就是由于人类不合理的开发而造成的。近年来，因为人为因素诱发的泥石流数量正在不断增加。可能诱发泥石流的人为因素主要有以下几个方面：

（1）不合理开挖：修建铁路、公路、水渠以及其他工程建筑的不合理开挖。有些泥石流就是在修建公路、水渠、铁路以及其他建筑时，破坏了山坡表面而形成的。如云南省东川至昆明公路的老干沟，因修公路及水渠，使山体被破坏，加之1966年犀牛山地震又形成崩塌、滑坡，致使泥石流更加严重。又如香港多年来修建了许多大型工程和地面建筑，几乎每个工程都要劈山填海或填方，才能获得合适的建筑场地。1972年一次暴雨，使正在施工的挖掘工程现场120人死于滑坡造成的泥石流。

（2）不合理的弃土、弃渣、采石：这种行为形成泥石流的事例很多。如四川省冕宁县泸沽铁矿汉罗沟，因不合理堆放弃土、矿渣，1972年一场大雨引发了矿山泥石流，冲出松散固体物质约10万立方米，淤埋成昆铁路300米和喜（德）—西（昌）公路250米，中断行车，给交通运输带来严重阻碍。又如甘川公路西水附近，1973年冬在沿公路的沟内开采石料，1974年7月18日发生泥石流，使15座桥涵淤塞。

（3）滥伐乱垦：滥伐乱垦会使植被消失，山坡失去保护、土体疏松、冲沟发育，大大加重水土流失，进而山坡的稳定性被破坏，出现崩塌、滑坡等不良地质现象发育，结果就很容易发生泥石流。例如甘肃省白龙江中游现在是我国著名的泥石流多发区。而在一千多年前，那里竹树茂密、山清水秀，后因伐木烧炭，烧

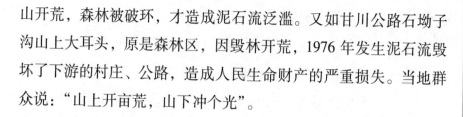

山开荒，森林被破环，才造成泥石流泛滥。又如甘川公路石坳子沟山上大耳头，原是森林区，因毁林开荒，1976 年发生泥石流毁坏了下游的村庄、公路，造成人民生命财产的严重损失。当地群众说："山上开亩荒，山下冲个光"。

泥石流的危害

泥石流常常具有暴发突然、来势凶猛之特点，并兼有崩塌、滑坡和洪水破坏的双重作用，其危害程度比单一的崩塌、滑坡和洪水的危害更为广泛和严重。它对人类的危害具体表现在如下 4 个方面：

（1）对居民点的危害：泥石流最常见的危害之一，是冲进乡村、城镇，摧毁房屋、工厂、企业单位及其他场所设施，淹没人畜、毁坏土地。如 1969 年 8 月云南省大盈江流城弄璋区南拱泥石流，使新章金、老章金两村被毁，97 人丧生，经济损失近百万元。

（2）对公路、铁路的危害：泥石流可直接埋没车站、铁路、公路，摧毁路基、桥涵等设施，致使交通中断，还可引起正在运行的火车、汽车颠覆，造成重大的人身伤亡事故。有时泥石流汇入河道，引起河道大幅度变迁，间接毁坏公路、铁路及其他构筑物，甚至迫使道路改线，造成巨大的经济损失。如甘川公路 394 千米处对岸的石门沟，1978 年 7 月暴发泥石流，堵塞白龙江，公路因此被淹 1 千米，白龙江改道使长约 2 千米的路基变成了土河道，公路、护岸及渡槽全部被毁。该段线路自 1962 年以来，由于受对岸泥石流的影响已 3 次被迫改线。建国以来，泥石流给我国

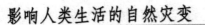

震撼

铁路和公路造成了无法估计的巨大损失。

（3）对水利、水电工程的危害：主要是冲毁水电站、引水渠道及过沟建筑物，淤埋水电站尾水渠，并淤积水库、磨蚀坝面等。

（4）对矿山的危害：主要是摧毁矿山及其设施，淤埋矿山坑道、伤害矿山人员、造成停工停产，甚至使矿山报废。

三、泥石流灾害回放

中国历史上的有关泥石流的记载

文帝元年（前179年）四月，齐楚地山二十九所，同日俱大发水，溃出。（《汉书·五行志》）四月齐楚地震，二十九山同日崩，大水溃出。（《汉书·文帝纪》）

宣帝本始四年（前70年）四月壬寅，郡国四十九地震，或山崩水出。（《汉书·宣帝纪》）

汉天凤三年（公元16年）六月戊辰，长平馆两岸崩，壅泾水石流，毁而北行。遣大司空王邑行视。还奏状，群臣上寿，以为《河图》所谓以土填水，匈奴灭亡之祥也。乃遣并州牧宋弘、游击都尉任萌等将兵击匈奴，至边止屯。（《汉书·王莽传》）

安帝元初六年（119年）春二月乙巳，京师及郡国四十二地震，或坼裂，涌水，坏城廓、民室屋；压（杀）人。（《后汉书·五行志》、《安帝纪》）

建康元年（144年）九月丙午，京师及太原、雁门地震，三郡水涌土裂。（《后汉书·冲帝纪》）

建和元年（147年）四月，郡国六地裂，水涌出，井溢，坏

寺屋，杀人。（《后汉书·五行志》）

　　建宁四年（171年）五月，河东地裂十二处，裂合长十里百七十步，广者三十余步，深不见底（《后汉书·五行志》）。五月，河东地裂，雨雹，山水暴出。（《灵帝纪》）

近几十年来发生于其他国家的特大泥石流

　　1970年秘鲁的瓦斯卡兰山暴发泥石流，500多万立方米的雪水夹带泥石，以100千米/小时的速度冲向秘鲁的容加依城，造成2.3万人死亡，灾难景象惨不忍睹。

　　1985年哥伦比亚的鲁伊斯火山泥石流，以每小时50千米的速度冲击了近3万平方千米的土地，其中包括城镇、农村、田地，哥伦比亚的阿美罗城变成废墟，造成2.5万人死亡，15万家畜死亡，13万人无家可归，经济损失高达50亿美元。

　　1998年5月6日意大利南部那不勒斯等地遭遇建国以来非常罕见泥石流灾难，造成100多人死亡，2000多人无家可归。

　　2005年印度雅加达西南部一个村庄遭遇泥石流袭击，造成至少140人死亡。

　　2005年6月3日美国加利福尼亚州洛杉矶东南拉古纳海滩当地时间6月1日5时左右发生泥石流，6幢价值数百万美元的豪宅和一段街道被冲下山，另有两人受轻伤。

　　2006年2月17日上午，一场历史罕见的泥石流突然无情地吞噬了菲律宾南莱特省圣伯纳德镇的村庄，将包括200多名小学生在内的几千人沽埋在了泥浆之下。此次泥石流是世界过去10年来造成的死亡人数最高的一次。

四、泥石流的预防措施

泥石流的预测预报

泥石流的预测预报工作很重要，这是防灾和减灾的重要步骤和措施。目前我国对泥石流的预测预报研究常采取以下方法：

（1）在典型的泥石流沟进行定点观测研究，力求解决泥石流的形成与运动参数问题。如对云南省东川市小江流域蒋家沟、大桥沟等泥石流的观测试验研究；对四川省汉源县沙河泥石流的观测研究等。

（2）调查潜在泥石流沟的有关参数和特征。

（3）加强水文、气象的预报工作，特别是对小范围的局部暴雨的预报。因为暴雨是形成泥石流的激发因素。比如，当月降雨量超过 350 毫米，日降雨量超过 150 毫米时，就应发出泥石流警报。

（4）建立泥石流资料档案，特别是大型泥石流沟的流域要素、形成条件、灾害情况及整治措施等资料应逐个详细记录。并解决信息接收和传递等问题。

（5）划分泥石流的危险区、潜在危险区或进行泥石流灾害敏感度分区。

（6）开展泥石流防灾警报器的研究及室内泥石流模型试验研究。

减轻或避防泥石流的工程措施

减轻或避防泥石流的工程措施主要有：

（1）跨越工程——是指修建桥梁、涵洞，从泥石流沟的上方跨越通过，让泥石流在其下方排泄，用以避防泥石流。这是铁道和公路交通部门为了保障交通安全常用的措施。

（2）穿过工程——指修隧道、明硐或渡槽，从泥石流的下方通过，而让泥石流从其上方排泄。这也是铁路和公路通过泥石流地区的又一主要工程形式。

（3）防护工程——指对泥石流地区的桥梁、隧道、路基及泥石流集中的山区变迁型河流的沿河线路或其他主要工程措施，建立一定的防护建筑物，用以抵御或消除泥石流对主体建筑物的冲刷、冲击、侧蚀和淤埋等的危害。防护建筑物主要有：护坡、挡墙、顺坝和丁坝等。

（4）排导工程——其作用是改善泥石流流势，增大桥梁等建筑物的排泄能力，使泥石流按设计意图顺利排泄。排导工程，包括导流堤、急流槽、束流堤等。

（5）栏挡工程——用以控制泥石流的固体物质和暴雨、洪水径流，削弱泥石流的流量、下泄量和能量，以减少泥石流对下游建筑工程的冲刷、撞击和淤埋等危害的工程措施。拦挡措施有：栏渣坝、储淤场、支挡工程、截洪工程等。

对于防治泥石流，常采用多种措施相结合，比用单一措施更为有效。

泥石流发生时的自救与互救

1. 泥石流来临时怎样逃生？

（1）立刻向河床两岸高处跑。（2）向与泥石流成垂直方向的两边山坡高处爬。（3）来不及奔跑时要就地抱住河岸上的树木。

2. 什么地方可以躲避泥石流？

（1）离泥石流发生地较远处的安全高地。（2）河谷两岸的山坡高处。（3）河床两岸高处。

3. 在野外如何防止遭遇泥石流？

（1）下雨天在沟谷中放牧或劳动时，不要停留过长时间。

（2）一旦听到连续不断雷鸣般的响声应立即向两侧山坡上转移。

（3）在穿越沟谷时，应先观察，确定安全后方可穿越沟谷。

（4）去野外游玩或劳动前要了解、掌握当地的气象趋势及灾害预报。

相关链接：泥石流的特有现象

泥石流是水与泥砂石块相混合的流动体，由于含有大量固体碎屑物，其运动过程产生巨大动能，而不同于一般洪水，常有一些特有的现象：

（1）短暂的断流现象与巨大的轰鸣声

很多泥石流暴发之初常可听到由沟内传出的犹如火车轰鸣或雷鸣似的声响，地面也发出轻微的震动，有时在响声之前，原在沟槽中流动的水体突然出现片刻断流。随响声增大，泥石流似狼烟扑滚而来。所以，出现断流、响声等现象时，已经预告了泥石流的发生。

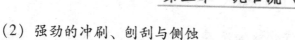

（2）强劲的冲刷、刨刮与侧蚀

泥石流在沟谷的中上游段具有强烈的冲刷、铲刮沟道底床的作用，常使沟床基底裸露，岸坡垮塌。另外，在中下游段常侧蚀掏刷河岸阶地，使岸边沿线的道路交通、水利工程、农田及建筑物受到破坏。

（3）弯道超高与遇障爬高

泥石流运动时直进性很强，当处于河道拐弯处或遇到明显的阻挡物时，泥石流不是顺沟谷平稳下泻，而是直接冲撞河岸凹侧或阻碍物。由于受阻，泥石流体被迫向上空抛起，这一冲击高度可达十几米。甚至有时泥石流龙头可越过障碍物，爬背越岸摧毁各种目标。例如 1991 年 6 月 10 日北京密云县杨树沟泥石流就是在弯道处越过阻挡其前进的小土梁，将土梁另一侧房屋摧毁，据实地测量，其冲起高度达 10 余米。

（4）巨大的撞击、磨蚀

快速运动着的泥石流动能大、冲击力强，据研究测定，砾径 1 米的大石块运动速度 5 米/秒时，冲击力可达 140 吨。泥石流中的大量泥砂在运动中不断磨蚀各种工程设施表面，使一些工程丧失其应有的作用而报废。

（5）严重的淤埋、堵塞现象

在沟内及沟口的宽缓地带，由于地形纵坡度减小，泥石流流速会骤然下降，大量泥沙石块停积下来，堆积堵塞河道、淤埋农田、道路、水库、建筑物等目标。一些大规模泥石流的冲出物质堆堵在河道可构成临时性的"小水库"，致使上游水位抬高，然而这种堵坝一旦溃决又会形成洪水泥石流，再次对下游造成危害。

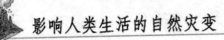

震撼

例如我国四川利子依达沟泥石流冲出山口，毁桥覆车后又在几分钟内将大渡河拦腰堵截，断流达 4 小时之久，向上游回水 5 千米，淹没工矿设施等。

（6）阵流现象

这种现象主要发生在黏性泥石流中。其特征是自泥石流开始到结束，沿途出现多次泥石流洪峰，即多次泥石流龙头，各次龙头出现间隔时间长短不一。

第六章 热浪（Heat Wave）

一、震撼现场：高温热浪席卷泉城

自 2005 年 6 月 12 日以来，济南市的日最高气温都维持在 35℃以上，尤其是 17 日市区温度达到 38.8℃，而长清区则高达 39.2℃；19 日市区的最高气温仍达 38.5℃。

济南市上一次在 6 月份出现 40℃以上高温天气是 1997 年，当年的 6 月 21 日最高气温达到了 39.5℃，22 日就达到了 40.2℃，23 日则达到 40.5℃。自从建国以来，另有几次 6 月份超过 40℃的高温天气，1955 年 6 月 11 日为 40.7℃，1960 年 6 月 21 日为 40.7℃，1966 年 6 月 22 日也达到了 40℃以上。出现如此高温天气为济南最近几年来罕见，主要原因是该时期没有降雨，气温没有出现波动或者下降过程，而是不断地累积升高，从而形成这种比较强的高温天气过程。

二、认识热浪

在气象上一般以日最高气温达到或超过 35℃作为"高温"的标准，"热浪"通常指持续多天的 35℃以上的高温天气，也有可能伴随有很高的湿度。这个术语通常与地区相联系，所以一个对较热气候地区来说是正常的温度对一个通常较冷的地区来说可能

震撼

是热浪。

热浪形成的原因

（1）目前热浪形成的直接原因是天气中出现的反气旋或高压脊现象，而反气旋导致气候干燥，那意味着所有热浪将会导致气温升高，而不会蒸发湿气。如果存在潮湿的条件，比如地面是湿的，那么在某种程度上，地面就扮演了一个空气调节器的角色。

高温与热浪两者存在互为因果的关系，高温是热浪的结果，热浪是高温形成的原因，但并不是说所有的高温都是热浪袭击引起的。如长江中下游地区，盛夏季节常在西太平洋副热带高压控制下，出现高温酷热天气。

（2）全球变暖和热岛效应是热浪形成的主因。全球气候变暖是北半球及我国夏季高温热浪事件频繁出现的大背景。近百年来，地球气候正经历一次以全球变暖为主要特征的显著变化。这种全球性的气候变暖是由自然的气候波动和人类活动除温室效应外，还有土地利用共同引起的。

城市化造成的热岛效应加强了极端高温事件的剧烈程度。随着经济快速发展，城市化进程的加快，人口、生产、交通集中，在工业生产、家庭炉灶、内燃机燃烧、机动车行驶等方面消耗能源的同时，都有一定的废热排放，使城市区域增加许多额外的热量收入。同时城市规划建设使得土地利用发生变化，植被减少等等城市化造成的热岛效应也加剧了极端高温的酷热程度。

热浪的危害

（1）农业生产方面：高温加剧了土壤水分蒸发和作物蒸腾作用，高温少雨常同时出现，造成土壤失墒严重，加速旱情的发展，给农业生产造成较大影响。如高温酷热使处于乳熟期的早稻逼熟，降低千粒重而减产；棉花因蒸腾作用加大；水分供需失调，产生了萎蔫和落蕾落铃现象。

（2）人民生活方面：高温酷热使城镇居民用水、用电量大增，例如1988年上海在高温期间日供水量突破历史最高水平，其中7月18日出水465万吨，不少供水设备因超负荷运行，出现故障。再如北京1987年7月受热浪袭击，出现持续高温天气，日供水量增加1520万吨。持续的高温使人们感到闷热难耐、疾病人数增多。1988年夏南京、上海、南昌等地因中暑住院的病人有2000余人，其中近300人死亡，劳动生产率大大下降。另外，高温热浪使人感到不适，工作效率降低；使中暑、肠道疾病和心脑血管等病症的发病率增多；使用于防暑降温的水电需求量猛增，造成水电供应紧张，故障频发。

（3）生态环境方面：持续的高温少雨还易引发火灾，而森林火灾又会对生态环境造成破坏。

三、近年来热浪发展趋势

最近50多年来，全国平均高温日呈现先减后增的态势，20世纪50年代至80年代初高温日数减少，80年代初开始呈现显著增加的趋势。西北、华南高温日数存在线性增加的趋势，其中华南地区增加趋势最为明显。一般来说，华北南部、黄淮西部、长江中下游地区、华南（除沿海地区）及云南南部、新疆中部和南部、内蒙古西北部年高温日数有 10 ~ 20 天，南疆盆地、江南中部和南部可达 20 ~ 30 天，南疆盆地东部超过 30 天。盛夏季节，长江中下游地区常在西太平洋副热带高压控制下，出现高温酷热天气，是我国夏季热浪袭击的重灾区。梅雨季节过后七八月间，一般年份都会出现 20 ~ 30 天的高温天气，梅雨期短的年份高温日数可超过 40 天。

近年来，高温事件的发生频率较过去大大提高，较强的高温热浪一般 3 ~ 4 年出现一次，部分地区甚至年年都遭受袭击。从 1999 年至今，我国华北、长江流域及其以南地区和西北地区东部几乎每年都会出现持续 10 天以上的强度大、范围广的极端高温天气。

极端高温热浪袭击范围也越来越广。高温热浪原是印度、巴基斯坦等热带、副热带地区的典型气象灾害，但是近年来，上述地区极端高温事件日益严重的同时，原先比较凉爽的欧洲、美国、日本、中国

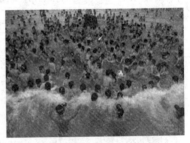

人们在水中躲避高温热浪

等的中高纬度地区也日趋炎热。美国的五大湖区、法国、英国、西班牙和我国华北都逐渐成为区域高温中心。目前，我国西安、石家庄、郑州的炎热程度已不亚于南京等传统的四大"火炉"，

以避暑胜地著称的河北承德 2000 年曾出现过连续 3 天超过 40℃的极端高温天气。

四、热浪的防御

高温预警信号

高温预警信号分两级，分别以橙色、红色表示。

1. 高温橙色预警信号

含义：24 小时内最高气温将要升至 37℃以上。

防御指南：

（1）尽量避免午后高温时段的户外活动，对老、弱、病、幼人群提供防暑降温指导，并采取必要的防护措施；

（2）有关部门应注意防范因用电量过高，电线、变压器等电力设备负载大而引发火灾；

（3）户外或者高温条件下的作业人员应当采取必要的防护措施；

（4）注意作息时间，保证睡眠，必要时准备一些常用的防暑降温药品；

（5）媒体应加强防暑降温保健知识的宣传，各相关部门、单位落实防暑降温保障措施。

2. 高温红色预警信号

含义：24 小时内最高气温将要升至 40℃以上。

防御指南：

震撼

（1）注意防暑降温，白天尽量减少户外活动；

（2）有关部门要特别注意防火；

（3）建议停止户外露天作业；

其他同高温橙色预警信号。

预防热浪袭击需采用综合预防措施

1. 在经常受热浪袭击的地区，房屋建筑设计应考虑防暑设施，注意房屋通风。

2. 植树造林，扩大绿地面积。

3. 开设游泳场地。

4. 在热浪袭击之前要根据天气预报做好供电、供水和防暑医药等的供应准备；在热浪袭击时，保证清凉饮料供应，改善休息条件，医疗条件，及时抢救中暑病人。

个人注意防暑降温

1. 气温升高，对人们的各种生理机能影响非常大，即使是身体强健的人也要做好心理调控。坐在家里看看电视也是一种很好的心理调适。

2. 在饮食方面，一方面体弱人群要适量饮用淡盐水；另一方面，少吃油腻食品。

3. 在家中，大家可以利用空调、冰块等为室内降温，但在使用空调时一定要注意适时开窗通风。

4. 老、弱、病人遇高温酷暑天气最好减少出门的频率和时间，如果非要出门，一定要打伞并避开强光。

5. 出现高温天气，人们应适时、收听收看天气预报，早做防高温的准备。

中暑救治提醒

1. 首先应迅速将患者移离高温场所，在阴凉处休息或平卧，并将其双脚提高，以增加脑部的血液供应。如果患者清醒，应补充含盐分饮料，若患者昏迷不醒，应尽快召唤救护车送医院治疗。

2. 对于在烈日下活动或停留时间过长，头部温度有时增高到39℃以上，皮肤晒得又红又痛，出现发烧头痛症状的患者应该注意水分的补充。如果四肢及全身肌肉痉挛，可以在痉挛部位稍加按摩。

3. 对于汗流不停，但是身体发冷、皮肤发黏、脸色苍白、脉搏微弱的患者，应赶快把其抬到阴凉处，松开衣服，用冰毛巾冷敷。对于体温特别高、出现昏迷状况的患者，应立即送医院急救。不可以让中暑的人喝水。

相关链接：我国的"火炉"城市

火炉城市是中国对天气酷热的城市的称呼。科学上用出现35℃以上高温日的多少来衡量一个城市的炎热程度，一年中最高气温超过35℃的日子达20天以上，而且出现过40℃以上的高温天气，人们把这样的城市称为"火炉"。随着经济的快速发展，

震撼

汽车的降价、生活方式的改变，越来越多的人们购车代步；加上空调的普及，这些都在向大气中排放热气。城市里的人口、高楼、道路密集，混凝土、柏油路使太阳辐射升温快，散热慢，热岛效应越来越明显，城市的温度在逐步升高，越来越多的"火炉"涌现出来。

民国时期，重庆、武汉、南京是长江沿线较具知名度的大城市，夏季气温比较炎热，被传称为"三大火炉"。

据南京灾难性天气气候研究所专家介绍，科学上用出现35℃以上高温日的多少来衡量一个城市的炎热程度。南京、重庆、武汉、南昌等城市每年的高温日的确居于榜前。按照资料统计，四大城市夏季35℃以上高温天气，平均每年19.3天，37℃以上高温天气平均每年4.5天；夜间28℃以上的最低气温，平均每年13.2天，30℃以上的最低气温平均每年1.9天。再加上"满城无风"的闷热，难怪拥有了"火炉"之名。

重庆之热源于地形，"渝炉"堪称老山炼丹，是全国有名的盛夏高温区。今年重庆相比北方高温稍显温柔，6月初的强降雨过程为初夏渝城消去几分暑气，不过重庆人却不为此感到庆幸。家住重庆永川的韩先生说："重庆的招牌菜是7~8月份的伏夏天，压轴戏是9月的秋老虎，今年的高温还未开始。"而专家解释山城夏季多雨是工业化的结果："工业排放物（二氧化硫、微小粉尘等）的增加影响到太阳辐射，导致了降水量提升，高温日相对减少。"这样的"人工降雨"一定程度上是环境污染的"意外收获"。

江城武汉可称"一代炉魁"。此地江河湖泊众多，水汽大量蒸发，团团热气将整个城市罩住，一方面减慢了地面热量向空中辐射的速度，另一方面使人体表面不易散热，宛如桑拿，汗出如浆，闷热难耐。1934 年某日武汉 41.3℃ 的纪录为江城夺得"炉魁"之称。

在历史上，重庆、武汉、南京的前三把"火炉"交椅坐得稳当，"第四火炉"归属则一直存在争议，南昌、济南、上海、广州等地都曾榜上有名。

第七章　台风（Typhoon）

一、震撼现场——八一风灾

1956 年 8 月 1 日 24 时（一说 8 月 2 日凌晨 2 时），5612 号台风 Wanda（温黛）在浙江省舟山专区象山县南庄登陆。当风眼南部横过石浦时，气象站传来了一个令人震惊的数据——914.5 百帕，换算成海平面气压即为 923 百帕！这是建国至今中国测得的气压极值，而那张 8 月 1 日晚至 8 月 2 日凌晨的石浦站气压变化图也被永远地留在了教科书上。浙北浙中沿海风力都在 12 级以上。

尽管登陆当天是小潮，但 Wanda 强大的威力和快速的变压依然将浙北沿海的潮位迅速拉高。浙江澉浦出现 5.02 米的风暴增水，这个全国纪录直到 24 年后才被 8007 号台风打破。象山港出现历史最高潮位 4.7 米。整个浙江沿海有 400 多条海塘被毁。

登陆后的 Wanda 风眼迅速堵塞，继续前行，横贯浙北大地。所到之处，风雨大作。浙江市岭站过程降雨量达 694 毫米；浙北内陆各站点均测得 12 级以上风力。绍兴测得 43 米/秒阵风。杭州平均风力达 11 级，阵风达 35 米/秒以上，美丽的西湖风景区遭到巨大破坏。8 月 2 日 10 时 Wanda 中心经过杭州时，杭州市气象台录得 958.7 百帕的气压，这个纪录也成为杭州迄今为止记录到的气压极值。上海亦测得 30 米/秒的平均风速和 34 米/秒的阵风，徐家汇天主堂尖顶重 400 千克的铁制十字架被吹折倒挂……

由于地形的破坏，Wanda 的强度逐渐减弱，并在皖北减弱为一个热带风暴。由于副热带高压不但没有退缩，反而继续维持甚至西伸，致使 Wanda 继续以西北方向朝内陆推进。她广大的环流和充沛的水汽给中国 10 个省区带来了不同程度的灾害，一个令人震惊的事实是：北到天津，南到厦门，西到秦岭，衡阳，都覆盖在 Wanda 的 8 级大风之下，而安徽境内部分气象站依然能记录到 12 级阵风！

8 月 3 日之后，Wanda 经河南、山西、陕西等省，减弱后的低压消失在陕西与内蒙古的交界处。这场空前的浩劫在全国共造成超过 5000 人遇难，仅浙江就有 4925 死于非命，1.7 万余人受伤，220 万幢房屋受到不同程度毁坏，经济损失难以估量。

二、认识台风

台风和飓风都是产生于热带洋面上的一种强烈的热带气旋，只是发生地点不同，叫法不同，在北太平洋西部、国际日期变更线以西，包括南中国海范围内发生的热带气旋称为台风；而在大西洋或北太平洋东部的热带气旋则称飓风，如在美国一带称飓风，在菲律宾、中国、日本、东亚一带叫台风；在南半球则称旋风。

台风

台风经过时常伴随着大风和暴雨天

气。风向呈逆时针方向旋转。等压线和等温线近似为一组同心圆。中心气压最高而气温最低。

台风的源地和形成

台风源地分布在西北太平洋广阔的低纬洋面上。西北太平洋热带扰动加强发展为台风的初始位置，在经度和纬度方面都存在着相对集中的地带。在东西方向上，热带扰动发展成台风相对集中在 4 个海区。它们是南海中北部的海面、菲律宾群岛以东和琉球群岛附近海面、马里亚纳群岛附近海面、马绍尔群岛附近海面。

台风的成因，是热带海面受太阳直射而使海水温度升高，海水蒸发成水汽升空，而周围的较冷空气流入补充，然后再上升，如此循环，终必使整个气流不断扩大而形成"风"。由于海面之广阔，气流循环不断加大直径乃至有数千米。由于地球由西向东高速自转，致使气流柱和地球表面产生磨擦，由于越接近赤道磨擦力越强，这就引导气流柱逆时针旋转，（南半球系顺时针旋转）由于地球自转的速度快而气流柱跟不上地球自转的速度而形成感觉上的西行，这就形成台风和台风路径。形成台风必须具备以下条件：

1. 要有广阔的高温、高湿的大气。热带洋面上的底层大气的温度和湿度主要决定于海面水温，台风只能形成于海温高于26℃~27℃的暖洋面上，而且在 60 米深度内的海水水温都要高于26℃~27℃。

2. 要有低层大气向中心辐合、高层向外扩散的初始扰动，而且高层辐散必须超过低层辐合，才能维持足够的上升气流，低层扰动才能不断加强。

3. 垂直方向风速不能相差太大，上下层空气相对运动很小，才能使初始扰动中水汽凝结所释放的潜热能集中保存在台风眼区的空气柱中，形成并加强台风暖中心结构。

4. 要有足够大的地转偏向力作用，地球自转作用有利于气旋性涡旋的生成。地转偏向力在赤道附近接近于零，向南北两极增大，台风基本发生在大约离赤道 5 个纬度以上的洋面上。

台风的分级

在热带洋面上生成发展的低气压系统称为热带气旋。国际上以其中心附近的最大风力来确定强度并进行分类：

1. 较强台风

超强台风（SuperTY）：底层中心附近最大平均风速≥51.0 米/秒，也即 16 级或以上。

强台风（STY）：底层中心附近最大平均风速 41.5～50.9 米/秒，也即 14～15 级。

台风（TY）：底层中心附近最大平均风速 32.7～41.4 米/秒，也即 12～13 级。

2. 弱台风

强热带风暴（STS）：底层中心附近最大平均风速 24.5～32.6 米/秒，也即风力 10～11 级。

热带风暴（TS）：底层中心附近最大平均风速 17.2～24.4 米/秒，也即风力 8～9 级。

震撼

热带低压（TD）：底层中心附近最大平均风速10.8～17.1米/秒，也即风力为6～7级。

台风的结构和特征

台风内各种气象要素和天气现象的水平分布可以分为外层区（包括外云带和内云带）、云墙区和台风眼区三个区域，垂直方向可以分为低空流入层（大约在1千米以下）、高空流出层（大致在10千米以上）和中间上升气流层（1～10千米附近）三个层次。在台风外围的低层，有数支同台风区等压线的螺旋状气流卷入台风区，辐合上升，促使对流云系发展，形成台风外层区的外云带和内云带；相应云系有数条螺旋状雨带。卷入气流越向台风内部旋进，切向风速也越来越大，在离台风中心的一定距离处，气流不再旋进，于是大量的潮湿空气被迫强烈上升，形成环绕中心的高耸云墙，组成云墙的积雨云顶可高达19千米，这就是云墙区。

台风中最大风速发生在云墙的内侧，最大暴雨发生在云墙区，所以云墙区是最容易形成灾害的狂风暴雨区。当云墙区的上升气流到达高空后，由于气压梯度的减弱，大量空气被迫外抛，形成流出层，只有小部分空气向内流入台风中心，并下沉，造成晴朗的台风中心，这就是台风眼区。台风眼半径约在10～70千米之间，平均约25千米。云墙区的潜热释放增温和台风眼区的下沉增温，使台风成为一个暖心的低压系统。

台风在低层主要是流向低压的流入气流。由于角动量平衡，在内区可产生很强的风速，在高层是反气旋的流出气流。上下层环流之间通过强上升运动联系起来，这是台风环流的主要特征。台风中最暖的温度是由下沉运动造成的，它正出现在眼壁内边缘以内，这里有最强的下沉运动。在台风低层最大风速半径处，辐合最强，最大风速值半径的大小随高度变化甚小，并位于眼壁之中。另外台风结构的不对称性也是其一大特点，分析表明，无论是在台风内区和外区都有明显的不对称性，这种不对称性对于台风发展和动量及动能的输送等有重要的作用。

台风的路径

台风移动的方向和速度取决于作用于台风的动力。动力分内力和外力两种。内力是台风范围内因南北纬度差距所造成的地转偏向力差异引起的向北和向西的合力，台风范围愈大，风速愈强，内力愈大。外力是台风外围环境流场对台风涡旋的作用力，即北半球副热带高压南侧基本气流东风带的引导力。内力主要在台风初生成时起作用，外力则是操纵台风移动的主导作用力，因而台风基本上自东向西移动。由于副高的形状、位置、强度变化以及其他因素的影响，致台风移动路径并非规律一致而变得多种多样。以北太平洋西部地区台风移动路径为例，其移动路径大体有三条：

（1）西进型台风自菲律宾以东一直向西移动，经过南海最后在中国海南岛或越南北部地区登陆，这种路线多发生在 10~11 月，2006 年就是典型的例子。

（2）登陆型台风向西北方向移动，穿过台湾海峡，在中国广东、福建、浙江沿海登陆，并逐渐减弱为低气压。这类台风对中国的影响最大。近年来对江苏影响最大的"9015"和"9711"号两次台风，都属此类型，7~8月基本都是此类路径。

（3）抛物线型台风先向西北方向移动，当接近中国东部沿海地区时，不登陆而转向东北，向日本附近转去，路径呈抛物线形状，这种路径多发生在5~6月和9~11月。

台风形成后，一般会移出源地并经过发展、减弱和消亡的演变过程。一个发展成熟的台风，圆形涡旋半径一般为500~1000千米，高度可达15~20千米，台风由外围区、最大风速区和台风眼三部分组成。外围区的风速从外向内增加，有螺旋状云带和阵性降水；最强烈的降水产生在最大风速区，平均宽8~19千米，它与台风眼之间有环形云墙；台风眼位于台风中心区，最常见的台风眼呈圆形或椭圆形状，直径约10~70千米，平均约45千米，台风眼的天气表现为无风、少云和干暖。

台风的灾害

台风是一种破坏力很强的灾害性天气系统，但有时也能起到消除干旱的有益作用。其危害性主要有三个方面：

（1）大风：台风中心附近最大风力一般为8级以上。

（2）暴雨：台风是最强的暴雨天气系统之一，在台风经过的地区，一般能产生150~300毫米降雨，少数台风能产生1000毫米以上的特大暴雨。1975年第3号台风在淮河上游产生的特大暴雨，创造了中国大陆地区暴雨极值，形成了河南"75·8"大洪水。

（3）风暴潮：一般台风能使沿岸海水产生增水，江苏省沿海

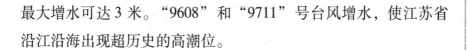

最大增水可达3米。"9608"和"9711"号台风增水，使江苏省沿江沿海出现超历史的高潮位。

台风的好处

台风除了给登陆地区带来暴风雨等严重灾害外，也有一定的好处。据统计，包括我国在内的东南亚各国和美国，台风降雨量约占这些地区总降雨量的1/4以上，因此如果没有台风，这些国家的农业困境将不堪想象；此外台风对于调剂地球热量、维持热平衡更是功不可没，众所周知热带地区由于接收的太阳辐射热量最多，因此气候也最为炎热，而寒带地区正好相反。由于台风的活动，热带地区的热量被驱散到高纬度地区，从而使寒带地区的热量得到补偿，如果没有台风就会造成热带地区气候越来越炎热，而寒带地区越来越寒冷，自然地球上温带也就不复存在了，众多的植物和动物也会因难以适应而灭绝，那将是一种非常可怕的情景。

专家们在研究过程中还发现，海上发生台风时巨浪会卷起深层海水，这些从深层上翻的较冷海水能使上层水温下降3℃~4℃，同时，台风带上来的深层海水中的营养物质还有利于海洋表层浮游藻类的繁殖，并为海洋鱼类提供间接食物来源。

三、近年来台风回顾

2006年的1号强台风"珍珠"（Chanchu），在菲律宾、中国东南部、台湾总共造成104人死亡以及12亿美元的损失。

2006年的4号强热带风暴"碧利斯"（Bilis），在菲律宾、中国东南部及中国台湾总共造成 672 人死亡以及 44 亿美元的损失。

2006 年的 8 号超强台风"桑美"（Saomai），在马利安那群岛、菲律宾、中国东南沿海以及台湾省总共造成 458 人死亡以及 25 亿美元的经济损失。

2006 年的 16 号超强台风"象神"（Xangsane），在菲律宾、中国海南、越南、柬埔寨、泰国总共造成 279 人死亡以及 7.47 亿美元的经济损失。

2006 年的 22 号超强台风"榴莲"（Durian），在菲律宾、越南、泰国总共造成于 819 人死亡，经济损失无法估计。

2005 年的 9 号强台风"麦莎"（Metsa），给我国华东地区造成重大损失。40 万人被撤离，上海地铁停运。仅浙江直接经济损失达 65 亿元（其中宁波损失 27 亿元）。江苏发生狂风暴雨天气，并且造成经济损失达 12 亿元。

2005 年的 14 号超强台风"彩蝶"（Nabi），在日本造成 21 人死亡。

2005 年的 19 号超强台风"龙王"（Longwang），给我国台湾、福建、广东、江西等地造成大风大雨，并造成一定人员伤亡。

2004 年的 8 号台风"婷婷"（Tingting），造成日本南鸟岛 3 人死亡，多人受伤，并造成一定自然灾害。

2004 年的 14 号强台风"云娜"（Rainne），造成中国东南沿海 164 人死亡，24 人失踪，直接经济损失达 181.28 亿元。

2003 年的 7 号超强台风"伊布都"（Imouto），造成菲律宾、我国华南地区重大人员伤亡。仅在中国广西就造成 12 人死亡，经济损失超过 5 亿元。

2003 年的 13 号强台风"杜鹃"（Dujuan），先后 3 次登陆中国广东，给我国华南地区造成重大灾害和财产损失。造成 38 人死亡，经济损失达 20 亿元。

2003 年的 14 号超强台风"鸣蝉"（Mamei），造成韩国 150 多人丧生。损失无法计算。

2002 年的 6 号强台风"查特安"（Chataan），登陆日本关东平原，造成多人丧生和严重的财产损失。

2002 年的 26 号台风"凤仙"（Pongsona），造成关岛大量人员伤亡、财产损失。

2001 年的 26 号热带风暴"画眉"（Vamei），虽然不是很强，但它是有史以来最靠近赤道的台风。

四、台风的防御措施

台风警报标准

根据编号热带气旋的强度和登陆时间、影响程度分为：

（1）消息

远离或尚未影响到预报责任区且未来 48 小时内将影响责任区时，根据需要可以发布"消息"，报道编号热带气旋的情况，警报解除时也可用"消息"方式。

（2）警报

预计未来 48 小时内（强）热带风暴或台风将袭击或严重影响预报责任区时发布警报；（强）热带风暴或台风正在严重影响预报责任区时也要发布警报。

震撼

（3）紧急警报

预计未来 24 小时内（强）热带风暴或台风将登陆或靠近我省沿海时发布紧急警报。

台风预警图标

图标	名称	含义
	台风蓝色预警信号	24 小时内可能受热带气旋影响，平均风力可达 6 级以上，或阵风 7 级以上；或已经受热带气旋影响，平均风力为 6 ~7 级，或阵风 7~8 级并可能持续。
	台风黄色预警信号	24 小时内可能受热带气旋影响，平均风力可达 8 级以上，或阵风 9 级以上；或已经受热带气旋影响，平均风力为 8 ~9 级，或阵风 9~10 级并可能持续。
	台风橙色预警信号	12 小时内可能受热带气旋影响，平均风力可达 10 级以上，或阵风 11 级以上；或已经受热带气旋影响，平均风力为 10 ~11 级，或阵风 11~12 级并可能持续。
	台风红色预警信号	本市 12 小时内可能或者已经受台风影响，平均风力可达 12 级以上，或者已达 12 级以上并可能持续。

台风的监测和预报

加强台风的监测和预报，是减轻台风灾害的重要的措施。目前对台风的探测主要是利用气象卫星。在卫星云图上，能清晰地看见台风的存在和大小。利用气象卫星资料，可以确定台风中心的位置，估计台风强度，监测台风移动方向和速度，以及狂风暴雨出现的地区等，这对防止和减轻台风灾害起着关键作用。当台风到达近海时，还可用雷达监测台风动向。建立城市的预警系统，提高应急能力，建立应急响应机制。还有气象台的预报员，根据所得到的各种资料，分析台风的动向，登陆的地点和时间，及时发布台风预报，台风紧报或紧急警报，通过电视，广播等媒介为公众服务，同时为各级政府提供决策依据，发布台风预报或紧报是减轻台风灾害的重要措施。

防汛部门根据台风接近和影响程度，会及时发布不同的预警。若24小时内影响本市，一般会发布蓝色或黄色预警。若12小时内影响本市，会发布橙色预警。若6小时内影响本市，发布的是红色预警。市民必须重视预警，迅速做好准备。

台风天气的注意事项

尽量在台风袭来前结束室外、野外活动，如果台风袭来时正在室外、野外活动，必须非常小心。

步行防砸步行时要弯腰慢步，尽可能抓住附近栏杆等固定物。过桥时若风力特大，须伏身爬行。在周边楼房密集的马路上，此时很可能有花盆、玻璃、广告牌突然坠落，行走时要特别注意高处动静。

12级台风刮来时，整个人体受到的风力约有100千克。就是8级风力，人体受到的冲力也很大。如果骑自行车、助动车或摩托车，受到的冲力可能更大，车头可能漂移失控。如果台风在当天下班前可能来袭，上班时就别骑车了。

台风来袭时，风雨往往忽大忽小。如果风雨一时变小，开车市民也要保持低速慢行，看清道路。因为若此时突然又刮起强风，行人很可能身不由己地被刮至车前。在过下通式立交桥前要先降速，看清桥下有无可能导致车辆熄火的积水。

避开铁塔躲避暴风雨的同时也要注意防雷击，不宜靠近铁塔、变压器、吊机、金属棚、铁栅栏、金属晒衣架，不要在大树底下以及铁路轨道附近停留。

台风刮来时或台风去后常可能发生触电事故。在台风去后，特别要关照孩子别去电线吹落处玩耍。看到落地电线，无论电线是否扯断，都不要靠近，更不要用湿竹竿、湿木杆去拨动电线。若住宅区内架空电线落地，可先在周围竖起警示标志，再拨打电力热线报修。

如果家中只有老人，而菜场、超市离家又较远，不妨多买些水果、蔬菜、鱼肉等副食品储存在冰箱里备用。

相关链接：台风的命名

人们对台风的命名始于20世纪初，据说，首次给台风命名的是20世纪早期的一个澳大利亚天气预报员，他把热带气旋取名为他不喜欢的政治人物，借此，气象员就可以公开地戏称他。在西北太平洋，正式以人名为台风命名始于1945年，开始时只用女人名，以后据说因受到女权主义者的反对，从1979年开始，用一个男人名和一个女人名交替使用。直到1997年11月25日~12月1日，在香港举行的世界气象组织（简称WMO）台风委员会第30次会议决定，西北太平洋和南海的热带气旋采用具有亚洲风格的名字命名，并决定从2000年1月1日起开始使用新的命名方法。新的命名方法是事先制定的一个命名表，然后按顺序年复一年地循环重复使用。命名表共有140个名字，分别由WMO所属的亚太地区的柬埔寨、中国大陆、朝鲜、中国香港、日本、老挝、中国澳门、马来西亚、密克罗尼西亚、菲律宾、韩国、泰国、美国以及越南等14个成员国和地区提供，每个国家或地区提供10个名字。这140个名字分成10组，每组的14个名字，按每个成员国英文名称的字母顺序依次排列，按顺序循环使用，即西北太平洋和南海热带气旋命名表。同时，保留原有热带气旋的编号。具体而言，每个名字不超过9个字母；容易发音；在各成员语言中没有不好的意义；不会给各成员带来任何困难；不是商业机构的名字；选取的名字应得到全体成员的认可，如有任何一成员反对，这个名称就不能用作台风命名。

浏览台风命名表，已很少用人名，大多使用了动物、植物、食品等的名字，还有一些名字是某些形容词或美丽的传说，如玉兔、悟空等。"杜鹃"这个名字是中国提供的，就是我们熟悉的杜鹃花；前一段在我国登陆的"科罗旺"是柬埔寨提供的，是一种树的名字；"莫拉克"是泰国提供的，意为绿宝石；"伊布都"是菲律宾提供的名字，意为烟囱或将雨水从屋顶排至水沟的水管。

震撼

　　台风的实际命名使用工作由日本气象厅东京区域专业气象中心负责，当日本气象厅将西北太平洋或南海上的热带气旋确定为热带风暴强度时，即根据列表给予名称，并同时给予一个四位数字的编号。编号中前两位为年份，后两位为热带风暴在该年生成的顺序。例如，0704，即2007年第4号热带风暴。

　　一般情况下，事先制定的命名表按顺序年复一年地循环重复使用，但遇到特殊情况，命名表也会做一些调整，如当某个台风造成了特别重大的灾害或人员伤亡而声名狼藉，成为众所周知的台风后，为了防止它与其它的台风同名，台风委员会成员可申请将其使用的名称从命名表中删去，也就是将这个名称永远命名给这次热带气旋，其他热带气旋不再使用这一名称。当某个台风的名称被从命名表中删除后，台风委员会将根据相关成员的提议，对热带气旋名称进行增补。

第八章 大雾（Fog）

一、震撼现场——印度大雾导致车祸 17 人死亡

从 2004 年 12 月 18 日开始，印度北部地区的大雾天气导致了多起交通事故，至少造成了 17 人死亡。当地警方称，在印度东北部的比哈尔邦，一辆满载从尼泊尔朝觐归来的印度香客的大客车 18 日晚因大雾导致能见度低不慎从一座大桥上坠下，造成至少 14 人死亡，25 人受伤。同一天，大雾还在比哈尔邦造成了另外两起交通事故，两辆汽车分别与两列行驶中的火车相撞，造成 3 人死亡。

此外，大雾还对当地的空中和铁路交通运输造成影响。在印度首都新德里，许多国际和国内航班因大雾被迫推迟起飞，火车的正点运营也受到影响。在印控克什米尔以及旁遮普邦和北方邦地区，大雾同样阻碍了当地的公路和铁路交通。

二、认识大雾

凡是大气中因悬浮的水汽凝结，能见度低于 1 千米时，气象学称这种天气现象为雾。

当空气容纳的水汽达到最大限度时，就达到了饱和。而气温愈高，空气中所能容纳的水汽也愈多。1 立方米的空气，气温在

4℃时，最多能容纳的水汽量是6.36克；而气温是20℃时，1立方米的空气中最多可以含水汽量是17.30克。如果空气中所含的水汽多于一定温度条件下的饱和水汽量，多余的水汽就会凝结出来，当足够多的水分子与空气中微小的灰尘颗粒结合在一起，同时水分子本身也会相互黏结，就变成小水滴或冰晶。空气中的水汽超过饱和量，凝结成水滴，这主要是气温降低造成的。这也是为什么秋冬早晨多雾的原因。

如果地面热量散失，温度下降，空气又相当潮湿，那么当它冷却到一定的程度时，空气中一部分的水汽就会凝结出来，变成很多小水滴，悬浮在近地面的空气层里，就形成了雾。它和云都是由于温度下降而造成的，雾实际上也可以说是靠近地面的云。

白天温度比较高，空气中可容纳较多的水汽。但是到了夜间，温度下降了，空气中能容纳的水汽的能力减少了，因此，一部分水汽会凝结成为雾。特别在秋冬季节，由于夜长，而且出现无云风小的机会较多，地面散热较夏天更迅速，以致使地面温度急剧下降，这样就使得近地面空气中的水汽，容易在后半夜到早晨达到饱和而凝结成小水珠，形成雾。秋冬的清晨气温最低，便是雾最浓的时刻。

雾的持续时间长短，主要和当地气候干湿有关：一般来说，干旱地区多短雾，多在1小时以内消散，潮湿地区则以长雾最多见，可持续6小时左右。

雾的种类

1. 辐射雾：在日落后地面的热气辐射至天空里，冷却后的地面冷凝了附近的空气。而潮湿的空气便会因此降至露点以下，并形成无数悬浮于空气里的小水点，这便是辐射雾。它主要在秋天或冬天的清晨，天晴且风弱时出现，在日出后不久或风速加快后便会自然消散。多出现在晴朗、微风、近地面水汽比较充沛且比较稳定或有逆温存在的夜间和清晨。

2. 平流雾：暖而湿的空气作水平运动，经过寒冷的地面或水面，逐渐冷却而形成的雾，气象上叫平流雾。

3. 蒸发雾：即冷空气流经温暖水面，如果气温与水温相差很大，则因水面蒸发大量水汽，在水面附近的冷空气便发生水汽凝结成雾。这时雾层上往往有逆温层存在，否则对流会使雾消散。所以蒸发雾范围小，强度弱，一般发生在下半年的水塘周围。

4. 上坡雾：这是潮湿空气沿着山坡上升，绝热冷却使空气达到过饱和而产生的雾。这种潮湿空气必须稳定，山坡坡度必须较小，否则形成对流，雾就难以形成。

5. 锋面雾：经常发生在冷、暖空气交界的锋面附近。锋前锋后均有，但以暖锋附近居多。锋前雾是由于锋面上面暖空气云层中的雨滴落入地面冷空气内，经蒸发，使空气达到过饱和而凝结形成；而锋后雾，则由暖湿空气移至原来被暖锋前冷空气占据过的地区，经冷却达到过饱和而形成的。因为锋面附近的雾常跟随着锋面一道移动，军事上就常常利用这种锋面雾来掩护部队，向敌人进行突然袭击。

6. 混合雾：有时兼有两种原因形成的雾叫混合雾。

7. 烟雾：通常所说的烟雾是烟和雾同时构成的固、液混合

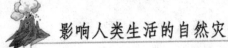

震撼

态气溶胶，如硫酸烟雾、光化学烟雾等。城市中的烟雾是另一种原因所造成的，那就是人类的活动。早晨和晚上正是供暖锅炉的高峰期，大量排放的烟尘悬浮物和汽车尾气等污染物在低气压、风小的条件下，不易扩散，与低层空气中的水汽相结合，比较容易形成烟尘（雾），而这种烟尘（雾）持续时间往往较长。

8. 谷雾：谷雾通常发生在冬天的山谷里。当较重的冷空气移至山谷里，暖空气同时亦在山顶经过时产生了温度逆增现象，结果生成了谷雾，而且可以持续数天。

9. 冰雾：当任何类型的雾气里的水点被冷凝为冰片时便会生成冰雾。通常需要温度低于凝点时才会生成，所以常见于南北极。

"雾"和"霾"的区别

一般来讲，雾和霾的区别主要在于水分含量的大小：水分含量达到90%以上的叫雾，水分含量低于80%的叫霾。80%~90%之间的，是雾和霾的混合物，但主要成分是霾。就能见度来区分：如果目标物的水平能见度降低到1千米以内，就是雾；水平能见度在1~10千米的，称为轻雾或霭；水平能见度小于10千米，且是灰尘颗粒造成的，就是霾或灰霾。另外，霾和雾还有一些肉眼看得见的"不一样"：雾的厚度只有几十米至200米，霾则有1~3千米；雾的颜色是乳白色、青白色，霾则是黄色、橙灰色；雾的边界很清晰，过了"雾区"可能就是晴空万里，但是霾则与周围环境边界不明显。

雾的地区分布

雾的地域性很强，全国分布并不规律，但总的来讲，我国南部和东部多、西部和北部少。东、南大部分地区每年平均有雾日 10～15 天以上；而西、北大部地区只有 3 天左右，仅若干高山区可超过 10～25 天。全国全年平均有雾 25 天以上的较多雾地区，东北有大兴安岭、长白山脉、千山山脉等山区，西北有新疆天山、陕西秦岭山区等，南方有江浙沿海、闽西北山区、四川盆地、湘鄂黔 3 省交界山区及滇西南和藏东南地区等。年平均 50 天以上的多雾区，北方仅限于辽宁沿海地区。闽西北和滇西南地区还是我国年雾日 100 天以上的特多雾区。有"雾都"之称的重庆，沙坪坝气象站年平均雾日只有 69.3 天，比西双版纳、闽西北地区要少得多。我国雾日最多的地方是四川省峨眉山气象站，海拔 3047米，1961～1990 年间的年平均雾日高达 318.5 天，终年云雾缭绕，为全国雾日之冠。

雾的影响

大雾经常造成高速公路封闭、航运中断、机场关闭、航班延误，甚至引发重大交通事故。以北京为例，2008 年 12 月 1 日，首都机场计划起飞 700 余架飞机，几乎全部因大雾而延误。截至当日 21 时，只起飞 400 多架，余下 300 余架飞机能否起飞还是未知数，另外备降在外地机场的飞机也没有回京。

大雾天气，人们在呼吸时感到胸闷，容易造成心血管、呼吸道疾病患发概率大大增加。这是因为大雾受到了空气污染的间接

震撼

影响；公众应避免在大雾天气出行。

大雾的形成与空气污染之间没有直接关系，但是大雾受到空气污染的间接影响。因为雾滴的形成不仅需要水汽，还需要有凝结核。汽车尾气、烟尘等污染物悬浮在空中恰好构成凝结核，当空气中水汽含量较大时就形成雾滴，雾滴大量聚集就形成雾气。污染越严重，凝结核越多，就越可能出现大雾天气；大雾天气越稳定，污染物也越不容易消散。可以说二者之间是一种恶性循环。

雾中的交通

三、近年来我国的大雾天气

2002 年冬天，大雾天气频频光顾北京，全城弥漫的大雾造成朦胧一片，也给交通和生活带来了诸多不便，根据气象资料显示，在进入 12 月份的短短十几天里，北京就已经出现了 8 次大雾，为历史罕见。

2004 年 11 月 20 日，黑龙江省部分地区出现了大雾天气，气温也随之有所下降。从清晨开始，哈尔滨市区一直被大雾笼罩，市区内的能见度在 200 米左右，直到中午大雾才渐渐散去，部分地区出现雾凇。

2004 年 12 月，大范围浓雾袭击南京。13 日最小能见度只有 100 米，波及五六个省市，而且持续时间偏长，14、15 日全天有雾，雾气最盛的七八点钟，水雾中的城市能见度只有 500 米。

2007 年 5 月 17 日，澳大利亚悉尼出现大雾天气，城市被大雾笼罩。悉尼的轮渡停止运行 3 个小时，25 个国际航班被迫延迟。各个方向通往市区的高速公路和公共交通系统受到影响，悉尼南北交通大动脉悉尼港大桥车辆行驶缓慢，公路严重阻塞。

2007 年初，全国部分地区如青海、长江中下游和东北地区出现大到暴雪，使交通运输及农牧业生产受到严重影响。中东部地区多次出现大雾天气。华北、黄淮、江淮、江南、西南地区东部、华南部分地区以及辽宁等地雾日数一般有 2 ～ 10 天，部分地区在 10 天以上，使人们的交通出行受到影响，空气质量下降，影响人体健康。

2007 年 12 月中国华北地区出现大雾。9 日河南郑州市内的能见度仅为 100 米，安阳、鹤壁均出现了能见度小于 50 米的浓雾，当地气象部门发出大雾红色预警信号，并在上午一度封闭了京珠、连霍高速公路河南段。在湖北武汉，7 条过江轮渡早晨短暂停航；成都双流机场上午飞往北京、广州等地的部分航班也被迫延误或取消，部分旅客滞留。

2009 年从 1 月 1 日～11 日，在仅仅 11 天的时间里，乌鲁木齐有 8 天出现了能见度不足 1000 米的雾，分别在 2 日、3 日、6 日、7 日、8 日、9 日、10 日、11 日，其中 6 ～ 11 日是连续 6 天出现大雾，为当地历史同期少见。

震撼

2009 年 6 月，广西出现罕见的夏季大雾，能见度一度不足 200 米。广西 11 个市县气象台发布了大雾橙色和大雾黄色预警信号。

四、大雾的预警和防范

大雾的预警信号

大雾预警信号分三级，分别以黄色、橙色、红色表示。

1. 大雾黄色预警信号

标准：12 小时内可能出现能见度小于 500 米的雾，或者已经出现能见度小于 500 米、大于等于 200 米的雾并将持续。

防御指南：

（1）有关部门和单位按照职责做好防雾准备工作；

（2）机场、高速公路、轮渡码头等单位加强交通管理，保障安全；

（3）驾驶人员注意雾的变化，小心驾驶；

（4）户外活动注意安全。

2. 大雾橙色预警信号

标准：6 小时内可能出现能见度小于 200 米的雾，或者已经出现能见度小于 200 米、大于等于 50 米的雾并将持续。

防御指南：

（1）有关部门和单位按照职责做好防雾工作；

（2）机场、高速公路、轮渡码头等单位加强调度指挥；

（3）驾驶人员必须严格控制车、船的行进速度；

（4）减少户外活动。

3. 大雾红色预警信号

标准：2 小时内可能出现能见度小于 50 米的雾，或者已经出现能见度小于 50 米的雾并将持续。

防御指南：

（1）有关部门和单位按照职责做好防雾应急工作；

（2）有关单位按照行业规定适时采取交通安全管制措施，如机场暂停飞机起降，高速公路暂时封闭，轮渡暂时停航等；

（3）驾驶人员根据雾天行驶规定，采取雾天预防措施，根据环境条件采取合理行驶方式，并尽快寻找安全停放区域停靠；

（4）不要进行户外活动。

雾天开车注意事项

1. 守规则。雾天行车视野不佳，这是发生交通事故的主要原因。因此雾天驾驶首先是要与前车保持足够的安全车距，不要跟得太紧，更不要随便超车。

2. 控制车速。要尽量靠路中间行驶，不要沿着路边行车，以防不小心落入路侧的排水沟，或者与路边临时停靠的车相撞。要遵守灯光使用规定，打开前后雾灯、尾灯、示宽灯和近光灯，利用灯光来提高能见度。雾天行车不要使用远光灯，因为远光灯射出的光线容易被雾气漫反射，会在车前形成白茫茫一片，开车的人反而什么都看不见。在雾天视线不好的情况下，勤按喇叭可以起到警告其他车辆的作用。当听到其他车的喇叭声时，应当立刻

震撼

鸣笛回应，提示自己的行车位置。

3. 听从指挥。要听从高速公路执法人员的指挥，在收费站等候时，应遵守交通规则，不要争道抢行；在进行编队放行时，必须保持车距，严禁超越前车，直至驶离有雾路段。

大雾天气不宜锻炼

雾天锻炼身体可能有些得不偿失。雾天，污染物与空气中的水汽相结合，将变得不易扩散与沉降，这使得污染物大部分聚集在人们经常活动的高度。而且，一些有害物质与水汽结合，会变得毒性更大，如二氧化硫变成硫酸或亚硫化物，氯气水解为氯化氢或次氯酸，氟化物水解为氟化氢。因此，雾天空气的污染比平时要严重的多。还有一个原因是组成雾核的颗粒很容易被人吸入，并容易在人体内滞留，而锻炼身体时吸入空气的量比平时多很多，雾天锻炼身体吸入的颗粒会很多，这更加加剧了有害物质对人体的损害程度。

如长时间滞留在这种环境中，人体会吸入有害物质，消耗营养，造成机体内损，极易诱发或加重疾病。尤其是一些患有对环境敏感的疾病，如支气管哮喘、肺炎等呼吸系统疾病的人，会出现正常的血液循环阻碍，导致心血管病、高血压、冠心病、脑溢血等。

专家提醒，大雾天气人们要减少户外活动时间，在户外时戴上围巾、口罩，保护好皮肤、咽喉、关节等部位，中老年、儿童、身体虚弱的人更应重点防护。

总之，雾天锻炼身体，对身体造成的损伤远比锻炼的好处大。

因此，雾天不宜锻炼身体。

相关链接："雾城"重庆和"雾都"伦敦

重庆位于我国长江、嘉陵江汇合处。重庆市每年平均云雾天气达170天以上，人们生活十分困难，特别是夏天，天气更是炎热。所以人们就给了重庆这个"雾城"之称。而英国的伦敦市区因常常充满着潮湿的雾气，因此有"雾都"的别名。20世纪初，伦敦人大部分都使用煤作为家居燃料，产生大量烟雾。这些烟雾再加上伦敦气候，造成了伦敦"远近驰名"的烟霞，英语称为London Fog（伦敦雾）。因此，英语有时会把伦敦称作"大烟"（The Smoke），伦敦并由此得名"雾城"。1952年12月5日至9日期间，伦敦烟雾事件令4000人死亡，政府因而于1956年推行了《空气清净法案》，于伦敦部分地区禁止使用产生浓烟的燃料。80年代以来，由于英国政府采取了一系列措施，加强环境保护，伦敦上空的可见度已比过去有了提高，年平均日照数也大大增加，绝迹多年的小鸟又重新在伦敦上空翱翔了。时至今日，伦敦的空气质量已经得到明显改观。

震撼

第九章 冰雹（Hail）

一、震撼现场——冰雹灾害突袭徐州

2006年4月27日凌晨1时至1时30分，受北方弱冷空气及低层中小尺度辐合系统的共同影响，江苏徐州丰县从西北至东南一线的首羡、赵庄、王沟、孙楼、宋楼、大沙河、梁寨7个镇部分地区突发冰雹、大风并伴有阵性降水灾害性天气，冰雹和大风在丰县境内影响幅度为宽2.5千米、长55千米，最大冰雹直径30毫米左右，降雹持续时间约20～30分钟，最大风力10级左右，冰雹和大风所到之处，树叶遍地，林果幼果所剩无几，在田作物一片狼藉，其危害为历年所罕见。

此次灾害是大风、冰雹并伴有阵性降水多灾并发，其天气气候特点是突发性、小尺度、强对流，受灾点多面广。全县受灾7个镇89个行政村，因灾倒塌民房48间，吹断林木3700余棵，损坏"三线杆"97棵，轻伤2人，成片的小麦和苹果、梨等经济林果以及棉花苗、洋葱，其他蔬菜等经济作物受灾严重。据初步统计，全县农作物受灾面积30万亩，成灾面积23万亩，绝收面积15万亩。此次灾害造成直接经济损失3.42亿元，其中农业直接经济损失3.4亿元，给该县农业生产尤其是果品、蔬菜生产带来严重损失。

二、认识冰雹

冰雹，也叫"雹"，俗称雹子，有的地区叫"冷子"，夏季或春夏之交最为常见。冰雹一些小如绿豆、黄豆，大似栗子、鸡蛋的冰粒，特大的冰雹比柚子还大。雹块越大，破坏力就越大。每次降雹的范围都很小，一般宽度为几米到几千米，长度为 20~30千米，所以民间有"雹打一条线"的说法。此外，冰雹天气历时短，一次狂风暴雨或降雹时间一般只有 2~10 分钟，少数在 30 分钟以上。

我国的降雹多发生在春、夏、秋 3 季，4~7 月约占发生总数的 70%。除广东、湖南、湖北、福建、江西等省冰雹较少外，各地每年都会受到不同程度的雹灾。尤其是北方的山区及丘陵地区，地形复杂，天气多变，冰雹多，受害重，对农业危害很大，猛烈的冰雹打毁庄稼，损坏房屋，人被砸伤、牲畜被打死的情况也常常发生。因此，雹灾是我国严重灾害之一。

冰雹的形成

在冰雹云中强烈的上升气流携带着许多大大小小的水滴和冰晶运动着，其中有一些水滴和冰晶并合冻结成较大的冰粒，这些粒子和过冷水滴被上升气流输送到含水量累积区，就可以成为冰雹核心，这些冰雹初始生长的核心在含水量累积区有着良好生长条件。雹核在上升气流携带下进入生长区后，在水量多、温度不太低的区域与过冷水滴碰并，长成一层透明的冰层，再向上进入水量较少的低温区，这里主要由冰晶、雪花和少量过冷水滴组成，雹核与它们粘在一起并冻结就形成一个不透明的冰层。这时冰雹已长大，而那里的上升气流较弱，当它支托不住增长大了的冰雹时，冰雹便在上升气流里下落，在下落中不断地并合冰晶、雪花和水滴而继续生长，当它落到较高温度区时，碰并上去的过冷水滴便形成一个透明的冰层。这时如果落到另一股更强的上升气流区，那么冰雹又将再次上升，重复上述的生长过程。这样冰雹就一层透明一层不透明地增长；由于各次生长的时间、含水量和其它条件的差异，所以各层厚薄及其它特点也各有不同。最后，当上升气流支撑不住冰雹时，它就从云中落下来，成为我们所看到的冰雹了。

冰雹的分类

根据一次降雹过程中，多数冰雹（一般冰雹）直径、降雹累计时间和积雹厚度，将冰雹分为3级。

（1）轻雹：多数冰雹直径不超过0.5厘米，累计降雹时间不超过10分钟，地面积雹厚度不超过2厘米；

（2）中雹：多数冰雹直径0.5～2.0厘米，累计降雹时间10～30分钟，地面积雹厚度2～5厘米；

（3）重雹：多数冰雹直径2.0厘米以上，累计降雹时间30分钟以上，地面积雹厚度5厘米以上。

冰雹的危害

冰雹灾害是由强对流天气系统引起的一种剧烈的气象灾害，它出现的范围虽然较小，时间也比较短促，但来势猛、强度大，并常常伴随着狂风、强降水、急剧降温等阵发性灾害性天气过程。中国是冰雹灾害频繁发生的国家，冰雹每年都给农业、建筑、通讯、电力、交通以及人民生命财产带来巨大损失。据有关资料统计，我国每年因冰雹所造成的经济损失达几亿元甚至几十亿元。

被冰雹砸坏的房屋

三、1949 年以来的数次雹灾天气

1952 年 5 月 12 日和 6 月 8 日，安徽滁县地区发生雹灾，受灾共 8 个县、97 个乡，三麦受灾 1 万余公顷，秋作物被打坏 0.7 万公顷，刮倒树木 1.5 万棵，毁坏房屋 1 万余间，砸死牲畜 4 头，伤 94 人，死亡 3 人，通讯线路和交通运输也受到影响。

1959 年 6 月 7 日～8 日，安徽宿县、滁县地区发生雹灾，共

震撼

有 11 个县受灾。雹块大如拳头，小似雀蛋、蚕豆，同时伴有 6～7 级、最大 8～9 级大风。以五河、濉溪、灵璧、凤阳 4 个县损失最为严重。五河县小麦、玉米、高粱、棉花、山芋、豆瓜等受灾面积达 3933 公顷，轻者减产一成，重者减产三成左右。

冰雹砸坏果实

1964 年 4 月 2 日，湖北黄冈地区的黄冈、阳新、新洲、浠水、罗田等县发生风雹灾，小麦受害面积 8000 公顷，蚕豆、油菜各 1300 余公顷，秧田 600 余公顷，倒房 1300 余间，死 48 人，死伤耕牛 100 余头。孝感地区的孝感、黄陂、应山、汉阳 4 县，有 29 个公社、6700 公顷夏收作物和 1000 公顷早稻秧苗受到冰雹危害。

1964 年 6 月 12～14 日，山东 67 个县市、429 个公社受到风雹侵袭，受灾面积有 52.3 万余公顷，其中小麦 8.5 万余公顷，估计减产粮食 1.8 亿吨；棉花 10.7 万余公顷，其中有 8 万公顷棉苗被雹子打掉头 1/3～1/2；其他作物 33 万余公顷，其中需要翻种的有 7 万公顷，主要是出苗不久的玉米和大豆。江苏徐州、连云港等地发生雹灾，最大雹粒如鸡蛋大，东海、宿迁、沭阳等县受灾严重，共倒塌、损坏房屋 35 万间，人员亦有伤亡。安徽太和县连降两次冰雹，每次大风和冰雹持续时间 20 分钟左右，严重的平均积雹两三指厚，雹块大的如鸡蛋、鸭蛋，小的似豆粒，并伴有 8 级以上大风，农作物普遍受害，受灾面积 2.4 万公顷，刮毁房屋 4328 间，砸伤 283 人。

1965 年 5 月 18 日～19 日，河南方城县神灵公社降暴雨和冰雹，30 余公顷夏熟作物绝收，20 余公顷早秋作物需重种。清丰县古城、大留 2 个公社有 2000 余公顷小麦、棉花、花生、南瓜被打毁，大部分打毁 30% 左右，少部分打毁 50% 以上。山西临猗、霍县、万荣 3 县有 15 个公社遭受雹灾。降雹半小时左右，雹块大的如鸡蛋大，地面积雹 6.7～10 厘米厚。小麦一般打断 50% 左右，严重者打断 90% 以上；棉苗轻的叶子被砸光，严重者叶、杆全部打光。霍县受灾小麦、棉苗面积 5000 公顷；万荣县孙吉公社成范大队 200 公顷小麦、棉花被打断、砸毁 90% 以上；临猗县諴子公社曹坦大队 43 公顷小麦被打毁 80%。

1970 年 5 月 5 日，甘肃环县、镇原、平凉、崇信一线遭冰雹袭击，雹大如鸡蛋。环县、镇原两县有 6 个公社 20 个大队 90 个生产队受灾，受灾面积 3100 余公顷，其中 1300 余公顷小麦即有 1000 公顷绝苗。平凉县受灾农田面积近 6000 公顷。

1973 年 5 月 25～27 日，宁夏、甘肃、陕西有 50 余个县市出

震撼

现风雹天气。其中宁夏银川、石嘴山等地冰雹直径一般 2 厘米，最大 3 厘米，受灾农作物 1360 余公顷；甘肃临夏州受灾农田 1 万余公顷，武都地区受灾 2000 公顷；陕西陇县降雹半小时，有的地方积雹 33 厘米厚，死亡 9 人。

1979 年 3 月 29～31 日，湖北鄂城、黄冈、麻城、通山、崇阳、通城、监利、沔阳、南漳等地遭受大风、冰雹袭击，大风一般 7～8 级，并有雷雨发生。鄂城降雹一般 3～5 分钟，大的冰雹像鹅蛋大。据不完全统计，受灾 12 个县市、70 余个公社，死亡 49 人，受伤 400 余人，倒房 7000 余间，损坏房屋 13.5 万余间，损失牲畜 43 头、猪羊 130 头，受灾夏粮、经济作物 4 万余公顷。

1979 年 4 月 25 日，湖北 5 个地区、33 个县市遭受冰雹和大风袭击，其中当阳、江陵、公安、石首、监利、洪湖等 14 个县受灾较重。一些地方冰雹大的似鸭蛋，松滋县最大冰雹直径 8 厘米，降雹持续 14 分钟，石首、当阳有的地方地面积雹厚度 20 厘米，造成庄稼被砸死、棉花重播，瓦房被打坏，灾情严重。此次冰雹天气范围之广、时间之长、灾情之重，为该省历史上所罕见。据不完全统计，全省有 15.3 万公顷农田受灾，损坏房屋 13.9 万余间，倒塌房屋 5500 间，打伤 8000 余人。

四、冰雹的防治

冰雹的预报

20 世纪 80 年代以来，随着天气雷达、卫星云图接收、计算机和通信传输等先进设备在气象业务中大量使用，大大提高了对冰雹活动的跟踪监测能力。当地气象台（站）发现冰雹天气，立即向可能影响的气象台、站通报。各级气象部门将现代化的气象科学技术与长期积累的预报经验相结合，综合预报冰雹的发生、发展、强度、范围及危害，使预报准确率不断提高。为了尽可能提早将冰雹预警信息传送到各级政府领导和群众中去，各级气象部门通过各地电台、电视台、电话、微机服务终端和灾害性天气警报系统等媒体发布"警报""紧急警报"，使社会各界和广大人民群众提前采取防御措施，避免和减轻了灾害损失，取得了明显的社会和经济效益。

冰雹的防治

我国是世界上人工防雹较早的国家之一。由于我国雹灾严重，所以防雹工作得到了政府的重视和支持。目前，已有许多省建立了长期试验点，并进行了严谨的试验，取得了不少有价值的科研成果。开展人工防雹，使其向人们期望的方向发展，达到减轻灾害的目的。目前常用的方法有：

（1）用火箭、高炮或飞机直接把碘化银、碘化铅、干冰等催化剂送到云里去。

（2）在地面上把碘化银、碘化铅、干冰等催化剂在积雨云形成以前送到自由大气里，让这些物质在雹云里起雹胚作用，使雹胚增多，冰雹变小。

（3）在地面上向雹云放火箭打高炮，或在飞机上对雹云放火箭、投炸弹，以破坏对雹云的水分输送。

（4）用火箭、高炮向暖云部分撒凝结核，使云形成降水，以减少云中的水分；在冷云部分撒冰核，以抑制雹胚增长。

相关链接：中国冰雹最多的地区

中国冰雹最多的地区是青藏高原，例如西藏东北部的黑河（那曲），每年平均有35.9天冰雹（最多年曾下降53天，最少也有23天）；其次是班戈31.4天，申扎28.0天，安多27.9天，索县27.6天，均出现在青藏高原。

第十章　冻害（Cold injury）

一、震撼现场——冻害导致 30 万亩林果绝收

2009 年 4 月 26 日，受南下冷空气影响，陕西延安出现入春以来最大的一次降温天气，吴起县北部乡镇最低温度甚至达到零下 5 度，导致 30 万亩林果绝收。

在吴起县周湾镇，居民放在院子里的水盆经过一夜结了 10 毫米厚的冰，自来水管也被冻住，部分河床出现结冰现象。草丛上结了一层薄薄的冰霜，苜蓿草被冻得萎缩、发青，苹果和梨树的花蕾受冻，部分山桃、山杏幼果遭到冻害。

附近的一位村民说，"上山割苜蓿，苜蓿都冻得黑青青，今天冻厉害了。"这次强降温使吴起县经济林果业和畜牧业遭受了历史上最严重的冻害，据统计，已经有 30 万亩经济林果绝收，3 万亩苜蓿草受到冻害。

二、认识冻害

冻害是农业气象灾害的一种，即 0℃ 以下的低温使作物体内结冰，对作物造成的伤害。常发生的有越冬作物冻害、果树冻害和经济林木冻害等。冻害对农业威胁很大，如美国的柑橘生产、中国的冬小麦和柑橘生产常因冻害而遭受巨大

震撼

损失。

　　冻害在中、高纬度地区发生较多。北美中西部大平原、东欧、中欧是冬小麦冻害主要发生地区。中国受冻害影响最大的是北方冬小麦区北部，主要有准噶尔盆地南缘的北疆冻害区，甘肃东部、陕西北部和山西中部的黄土高原冻害区，山西北部、燕山山区和辽宁南部一带的冻害区以及北京、天津、河北和山东北部的华北平原冻害区。在长江流域和华南地区，冻害发生的次数虽少，但丘陵山地对南下冷空气的阻滞作用，常使冷空气堆积，导致较长时间气温偏低，并伴有降雪、冻雨天气，使麦类、油菜、蚕豆、豌豆和柑橘等受严重冻害。

林木遭遇冻害

　　冻害分为作物生长时期的霜（白霜和黑霜）冻害和作物休眠时期的寒冻害两种。霜冻害指春季冬麦返青后或春播作物出苗后，桃、葡萄、苹果等果树萌发或开花后遇到特别推迟的晚霜，和秋季冬麦出苗后或春播或夏播作物未成熟，果树尚未落叶休眠时遇到特别提前的早霜而受害。橡胶树等热带作物冬季休眠期不明显，当气温降至0℃或零下几度时，极易受到霜冻害；而冬麦、葡萄、苹果等休眠时，当气温降至零下十几度、二十几度时才受害。作物受冻害的程度除取决于低温强度外，还与低温的持续时间、当时的天气型、作物品种及受冻前的适应情况等有关。

冻害的特点和指标

不同作物受冻害的特点不同，如冬小麦主要可分为：①冬季严寒型。冬季无积雪或积雪不稳定时易受害；②入冬剧烈降温型。麦苗停止生长前后气温骤然大幅度下降，或冬小麦播种后前期气温偏高生长过旺时遇冷空气易受害；③早春融冻型。早春回暖融冻，春苗开始萌动时遇较强冷空气易受害，等等。

不同作物、品种的冻害指标也各不相同，如小麦多采用植株受冻死亡50%以上时分蘖节处的最低温度作为冻害的临界温度，即衡量植株抗寒力的指标。抗寒性较强品种的冻害临界温度是 –17 ～ –19℃、抗寒性弱的品种是 –15 ～ –18℃。成龄果树发生严重冻害的临界温度：柑橘为 –7 ～ –9℃，葡萄为 –16 ～ –20℃。

冻害的影响因素

冻害的造成与降温速度、低温的强度和持续时间，低温出

震撼

现前后和期间的天气状况、气温日较差等及各种气象要素之间的配合有关。在植株组织处于旺盛分裂增殖时期，即使气温短时期下降，也会受害；相反，休眠时期的植物体则抗冻性强。各发育期的抗冻能力一般依下列顺序递减：花蕾着色期→开花期→座果期。

三、我国近年来的几次冻害天气

2005年元旦，受来自中西北伯利亚强寒流袭击，福建泉州的永春县出现数年来少有的严重霜冻现象。据永春县农业部门调查统计，截至元月2日，该县农业受冻害面积23882亩，经济损失达8295万元。其中枇杷受冻害尤为严重，投产果树幼果冻死面积达10475亩，今年已基本绝收，经济损失约7000万元。

2005年3月12日，强冷空气横扫浙南大地，气温骤降，狂风暴雪，温州市农业遭受重大雪灾冻害，损失惨重。平均过程降温幅度达11℃，山区最低气温达-2.9℃左右，阵风7~8级，平原地区积雪深度达4厘米，山区部分积雪深达20厘米。据统计，全市受灾蔬菜255810亩，其中大棚蔬菜受灾59573亩，受灾茶园174100亩，受灾水果园56000亩，受灾马铃薯、油菜等春花作物138921亩，死亡牲畜（猪、羊、兔）7277头，家禽102438羽，总计经济损失达4.6639亿元。

2008年5月30日凌晨陕西省榆林市北部6个县区遭受到历史罕见的低温冻害天气袭击，损失巨大。乡镇区域站观测记录最低温度-0.2℃，草温观测记录最低-2.2℃，是有观测资料以来出现的同期历史最低值，玉米等大田作物遭受冻害严重，部分地段

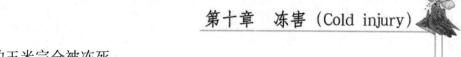

的玉米完全被冻死。

四、冻害的防治

为了防御冻害，宜根据当地温度条件，选用抗寒品种，并确定不同作物的种植边界和海拔上限。防冻的栽培措施包括越冬作物播种适时、播种深度适宜、边界附近实施沟播和适时浇灌冻水，果树夏季适时摘心、秋季控制灌水、冬前修剪等。各种形式的覆盖，如葡萄埋土、果树主干包草、柑橘苗覆盖草帘和风障，以及经济作物覆盖塑料薄膜等，也有良好的防冻效果。

第十一章 洪水（Flood）

一、震撼现场——1998 年我国特大洪灾

1998 年 6 月 12～27 日，受暴雨影响，鄱阳湖水系暴发洪水，抚河、信江、昌江水位先后超过历史最高水位；洞庭湖水系的资水、沅江和湘江也发生了洪水。两湖洪水汇入长江，致使长江中下游干流监利以下水位迅速上涨，从 6 月 24 日起相继超过警戒水位。期间由于暴雨频降，到 8 月 16 日，宜昌出现第六次洪峰，流量 63300 立方米/秒，为 1998 年的最大洪峰。这次洪峰在向中下游推进过程中，与清江、洞庭湖以及汉江的洪水遭遇，中游各水文站于 8 月中旬相继达到最高水位。之后又有第七次、第八次洪峰出现。

同年入汛之后，松花江上游嫩江流域降水量明显偏多，先后发生三次大洪水。其中第三次洪水发生在 8 月上中旬，为嫩江全流域型大洪水。支流诺敏河古城子水文站、雅鲁河碾子山水文站、洮儿河洮南水文站水位均超过历史记录，洪水重现期为 100～1000 年。在嫩江堤防 6 处漫堤决口的情况下，齐齐哈尔、江桥、大赉站的洪峰流量都超过了 1932 年。

此外，同年 6 月份，珠江流域的西江发生了百年一遇的大洪水。西江支流桂江上游桂林水文站 6 月份连续出现 4 次洪峰，最

高水位达 147.70 米，为历史实测最高值。受上游干支流来水和区间降雨的共同影响，西江干流梧州最大流量 52900 立方米/秒，水位 26.51 米，为 20 世纪第二位大洪水。6 月中下旬，福建闽江支流建溪、富屯溪流域出现持续性暴雨，致使闽江干流发生大洪水。闽江干流水口电站最大入库流量 37000 立方米/秒，洪水经水库调蓄后，干流竹岐水文站最高水位 16.95 米，最大流量 33800 立方米/秒，为 20 世纪最大洪水，洪水重现期约为 100 年。

1998 年洪水大、影响范围广、持续时间长，洪涝灾害严重。全国共有 29 个省（自治区、直辖市）遭受了不同程度的洪涝灾害。据各省统计，农田受灾面积 2229 万公顷（3.34 亿亩），成灾面积 1378 万公顷（2.07 亿亩），死亡 4150 人，倒塌房屋 685 万间，直接经济损失 2551 亿元。江西、湖南、湖北、黑龙江、内蒙古、吉林等省（区）受灾最重。

二、认识洪水

洪水就是河、湖、海所含的水体上涨，超过常规水位的水流现象。洪水常威胁沿河、滨湖、近海地区的安全，甚至造成淹没灾害。自古以来洪水给人类带来很多灾难，如黄河和恒河下游常泛滥成灾，造成重大损失。但有的河流洪水也给人类带来一些利益，如尼罗河洪水定期泛滥给下游三角洲平原农田淤积肥沃的泥沙，有利于农业生产。

洪灾是指一个流域内因集中大暴雨或长时间降雨，汇入河道的径流量超过其泄洪能力而漫溢两岸或造成堤坝决口导致泛滥的

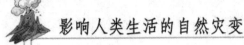
灾害。简单说，洪水泛滥成灾即为洪灾。

我国境内的洪水多发于6月~9月。6月中旬~7月中旬的梅雨季节，7月中旬~9月的台风季节，都易暴发洪灾，致使农田受淹，村庄被冲，房屋倒塌，财产受损，甚至造成人员伤亡。

洪水围困民居

洪水的分类

（1）雨洪水：在中低纬度地带，洪水的发生多由雨形成。大江大河的流域面积大，且有河网、湖泊和水库的调蓄，不同场次的雨在不同支流所形成的洪峰汇集到干流时，各支流的洪水过程往往相互叠加，组成历时较长涨落较平缓的洪峰。小河流的流域面积和河网的调蓄能力较小，一次雨就形成一次涨落迅猛的洪峰。

（2）山洪：山区溪沟，由于地面和河床坡降都较陡，降雨后产流、汇流都较快，形成急剧涨落的洪峰。

（3）融雪洪水：在高纬度严寒地区，冬季积雪较厚，春季气温大幅度升高时，积雪大量融化而形成。

（4）冰凌洪水：中高纬度地区内，由较低纬度地区流向较高纬度地区的河流（河段），在冬春季节因上下游封冻期的差异或解冻期差异，可能形成冰塞或冰坝而引起。

（5）溃坝洪水：水库失事时，存蓄的大量水体突然泄放，形成下游河段的水流急剧增涨甚至漫槽成为立波向下游推进的现象。冰川堵塞河道、壅高水位，然后突然溃决时，地震或其他原因引起的巨大土体坍滑堵塞河流，使上游的水位急剧上涨，当堵塞坝体被水流冲开时，在下游地区也形成这类洪水。

（6）湖泊洪水：由于河湖水量交换或湖面大风作用或两者同时作用，可发生湖泊洪水。当入湖洪水遭遇和受江河洪水严重顶托时常产生湖泊水位剧涨，因盛行风的作用，引起湖水运动而产生风生流，有时可达5～6米，如北美的苏必利尔湖、密歇根湖和休伦湖等。

洪水的特征

洪水是一个过程，每次洪水过程都可以分为涨水段、洪峰段和退水段三个时段。

如果以时间为横坐标，以洪水位或洪水流量为纵坐标，就可以绘制出某洪水的过程线。由于洪水过程线的形状是两头低中间高，像山峰，所以习惯上就把洪水过程称为洪峰。

一般说来，山区河流暴雨洪水的特征是坡度陡、流速大、水位涨落快、涨落幅度大，但历时较短、洪峰形状尖瘦，传播时间

震撼

较快；相反地，平原河流、湖泊的洪水坡度较缓、流速较小、水位涨落慢、涨幅也小，但历时长、峰形矮胖，传播时间较慢。中小河流因流域面积小，洪峰多单峰；大江大河因为流域面积大、支流多，洪峰往往会出现多峰。

融雪洪水是由冰雪融化形成，由于融化过程缓慢，形成的洪水也是缓涨缓落。但如发生雪崩、泥石流等，其洪水特征又会有很大差异。其余如冰凌洪水、溃坝洪水等洪水，也都呈现其不同的特征，这里不再一一赘述。

三、洪水的传说和历史记载

与洪水有关的传说

大洪水是世界多个民族的共同传说，在人类学家的研究中发现，美索不达米亚、希腊、印度、中国、玛雅等文明中，都有洪水灭世的传说。当中，美索不达米亚各民族的传说很明显有同一来源，但由于往后各民族的居住地逐渐分散，使这个传说也变得变化多端。而另一方面，随着世界各地重新认识他们过去的文化和传说，大家都惊奇地发现原来这个"大洪水"传说在世界各地都有流传。因此，历史学家现在都致力于找寻各地的传说，并试图从当中找出一些过去的信息。

1. 大洪水与诺亚方舟

各个大洪水传说当中，最为世人所知的，应当是《圣经·创世记》第6~8章的记载。《圣经》记载由于人类在地上作恶，所以使上帝决心要毁灭这个世界的文明。上帝命令义人诺亚建造一个巨型的方舟，把世上每一种生物都留下至少一对，放入方舟里。然后天上降下暴雨，使水位不断上升。大水涌来，把地上一切的生物都消灭掉了，唯有在诺亚方舟里的得以保存。于是，水退之后，诺亚一家就在一片新土地上继续生活。他们成为了中东地区各个民族的祖先。

2. 苏美尔传说

美索不达米亚平原的传说和圣经很近似。有不少民族的故事开始之前，还有一段天上诸神就是否要用洪水毁灭世人而展开过一段激烈的辩论。

在苏美尔人神话中，风之神与众神之王恩尼尔觉得人类太吵闹，于是放出干旱和瘟疫来消灭他们。但是，个性良善的水神恩基传授阿拉哈西斯灌溉、贮存谷物以及医药的知识，人类因此得以存活下来。恩尼尔相当生气，决定秘密召几位神来放一次巨大的洪水完全灭绝人类。但是还是被恩基知道，并且事先安排乌塔那匹兹姆搭船避难，日后还给予乌塔那匹兹姆永生的能力，嘱其隐居深山。恩尼尔大怒，控告恩基妨碍他的计划。恩基则向他解释，为了必须的平衡，不应该完全灭绝无辜的人类，让剩下来的人类进行节育即可。但是，相对地，如果人类不信神祇而堕落，就可以任凭众神屠杀。这是大洪水记载的最早版本。

3. 大禹治水

在中国有大禹治水的传说。大禹的父亲鲧，就已经开始着手于防洪的工作。但由于工作没有成效，所以被尧帝杀了。到舜帝时，他让鲧的儿子禹继续父亲的工作。由于这次工作成效很好，

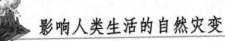

震撼

使百姓安居乐业，舜于是禅位于禹。

4. 台湾原住民的大洪水传说

台湾阿美族的大洪水传说，又称作撒基拉雅的洪水传说。传说在很久以前神要人们在重要的节日前必需要祭祀神灵，但是连年丰收让人们遗忘了敬神。神明大怒降下洪水，淹没了许多部落。其中一位部落酋长带领他的人民爬到撒基拉雅高山上避难，但是洪水还是不停地向上涨，后来酋长接到了神明的指示，要一对男女当作祭品，酋长的女儿和一位青年牺牲了自己的生命，让撒基拉雅人得以繁衍。

中国历史上的洪水灾害

我国是洪水灾害频仍的国家。据史书记载，从公元前206年至公元1949年的2155年间，大水灾就发生了1029次，几乎每两年就有一次。

作为中华民族母亲河的黄河，它在历史上曾决口泛滥1500多次，大的改道26次，平均每3年有一次决口，每100年有一次大改道。公元1117年（宋徽宗政和七年），黄河决口，淹死100多万人。公元1642年（明崇祯十五年），黄河泛滥，开封城内37万人，被淹死34万人。

在洪灾的侵吞中，大城市不能免。据考证，历史上洪水曾五进北京城，天津市曾八次被淹。

1931年，中国发生特大水灾，有16个省受灾，其中最严重的是安徽、江西、江苏、湖北、湖南五省，山东、河北、浙江次之。8省受灾面积达14170万亩。据统计，这次灾难中半数房屋被冲毁，近半数的人流离失所，不少人举家逃难。受灾人口达1亿人，死亡370万人，令人触目惊心。

1954年，全国洪涝受灾面积达2.4亿亩，成灾面积1.7亿亩。长江洪水淹没耕地4700余万亩，死亡3.3万人，京广铁路行车受阻100天。国家对自然灾害的救济费为3.2亿元。

其他重大水灾有：1958年黄河郑州花园口出现特大洪水，郑州黄河铁桥被冲毁。海河流域1963年遭历史上罕见的洪水，受灾面积达6145万亩，减产粮食30多亿千克。长江最长的支流汉江1982年遭特大洪水，安康老城被淹，损失惨重。

目前，我国平均每年受洪涝面积约1亿亩，成灾6000万亩，因灾害造成粮食减产上百亿千克。

发生在其他国家的洪灾

1987年7月，孟加拉国经历了有史以来最大的一次水灾。连日的暴雨，狂风肆虐，这突如其来的天灾，使毫无任何准备的居民不知所措。短短两个月间，孟加拉国64个县中有47个县受到洪水和暴雨的袭击，造成2000多人死亡，2.5万头牲畜淹死，200多万吨粮食被毁，两万千米道路及772座桥梁和涵洞被冲毁，千万间房屋倒塌，大片农作物受损，受灾人数达2000万。

2007年7月，东非和西非一些国家遭受强降雨袭击和大雨引发的洪灾。根据联合国公布的统计数据显示，有200多人在洪灾中丧生，另有100多万人的生产和生活受到影响。

2009年2月，澳大利亚东北部发生洪水。昆士兰州17条河流泛滥，受灾面积超过 100 万平方千米，相当于昆士兰州总面积的 62%。赫伯特河的水位最高达 12.25 米，创下 40 年来最高，昆士兰州一些城镇遭遇"灭顶"之灾。昆士兰州官方估计，这场洪灾造成 1.1 亿澳元（约合 7600 万美元）经济损失。

四、防汛与抗洪

我国是水旱灾害频繁的国家。1949 年以来，党和政府领导全国各族人民进行了大规模的水利建设，初步建成了防洪体系和农业灌溉系统，为保障国民经济发展、保卫人民生命财产安全，发挥了巨大作用。但随着人口增加，经济快速发展，防洪标准低、人与水争地问题日益严重，水资源供需矛盾日益加剧，水土流失和水污染、生态环境恶化等问题也逐渐暴露。洪涝灾害仍然是中华民族的心腹之患，水资源短缺越来越成为我国农业和经济社会发展的制约因素。1998 年大洪水过后，党中央、国务院对灾后重建、江湖治理和兴修水利工作极为重视，从以下几个方面采取措施，进行江河治理。

1. 实施封人植树、退耕还林，加大水土保持工作力度，改善生态环境。全面停止长江、黄河流域上中游天然林采伐。重点治理长江、黄河流域生态环境严重恶化地区，大力实施营造林工程，扩大和恢复草地植被，逐步实施 25 度以上坡地退耕还林，加快 25 度以下坡地改梯田。依照《中华人民共和国森林法》，开展森林植被保护工作，强化生态环境管理。

2. 加强水土保持工作，严格执行开发建设项目水土保持方案报批制度，建设项目必须与水土保持设施同时设计、同时施工、同时投产。依法划分重点预防保护区、重点治理区、重点监督区，落实防治责任，加强监督管理，坚决控制新的水土流失。以小流域为单元，实行山、水、田、林、路全面规划、综合治理，工程措施、生物措施、蓄水保土拼作措施相结合，形成水土保持综合防护体系。

3. 加高加固堤防。把堤防加高加固作为灾后江湖治理工作的重点，通过实施综合防洪措施，使大江大河大湖堤防能防御建国以来发生的最大洪水，重点地段达到防御百年一遇洪水的标准。重点做好堤防基础防渗和堤身隐患处理，以及高程不足堤段的加高培厚。积极推广使用新技术、新材料、新工艺。确保防洪工程质量。

4. 加快江河控制性工程建设。对洪涝灾害频繁，尚未修建控制性工程的主要江河，继续按照流域综合规划，抓紧修建干支流水库。抓紧三峡、小浪底等在建水库工程的建设，尽快发挥防洪作用。继续抓好病险水库的除险加固。

5. 加强河道的整治。加强长江、黄河等江河下游河道的河势控制和崩岸治理。在洞庭湖区及其四水尾闾、鄱阳湖区及其五河尾闾、松滋口等长江三口洪道，对因淤积影响行洪的河段进行清淤疏浚。黄河结合堤防淤背进行清淤疏浚。海河、淮河、松花江等江河淤积严重的河段，也要进行清淤，增加泄洪能力。坚决清除河道行洪障碍，保持行洪畅通。

提高防洪现代化技术水平，加大科技投入。按照统一领导、统一规划、统一标准的原则，逐步建成覆盖全国重点防洪地区的防汛指挥系统；加速发展气象卫星和新一代多普勒天气雷达网，

震撼

配备现代化水文观测设施，加强暴雨洪水预警系统建设；加强抗洪抢险方面的科研工作，组织力量开展抢险技术、堵口技术、堤防防渗技术和隐患探测技术的攻关，研制抗洪抢险急需的、实用的新设备和新材料；积极组建抗洪机械化抢险队，加强抢险人员技术培训，建设一批现代化抢险队伍。

第十二章 风暴潮（Storm surge）

一、震撼现场——风暴潮席卷渤海湾

2007 年 3 月 4 日，一次超强风暴潮开始影响我国潍坊、青岛、天津等沿海城市。

受强冷空气、黄海气旋以及天文大潮的共同影响，从 3 月 4 日凌晨开始，渤海湾出现了我国 1969 年以来最强的一次风暴潮过程。在潍坊的森达美港口附近，海面风急浪高，许多渔船被潮水冲得七零八落。海上的局部风力超过 10 级。

这次的风暴潮在 4 日 15 点半到 16 点正面袭击了渤海湾，海面的最大风力超过 12 级，海浪超过了 3 米。而受风暴潮影响，威海，烟台、青岛都出现了强降雨，气温也大幅下降。威海气象部门 3 月 3 日发布了寒潮蓝色预警，而青岛也发出了大风蓝色预警。

在渤海湾的湾底，天津港客运码头全面停运。而天津市的所有建设工地也都全面停工，山体周围的居民紧急转移。此次风暴成为我国部分区域自 1969 年以来最强的一次温带风暴潮。

二、认识风暴潮

风暴潮是一种灾害性的自然现象。由于剧烈的大气扰动，如强风和气压骤变（通常指台风和温带气旋等灾害性天气系统）导

震撼

致海水异常升降，使受其影响的海区的潮位大大地超过平常潮位的现象，称为风暴潮。

风暴潮

有人称风暴潮为"风暴海啸"或"气象海啸"，在我国历史文献中又多称为"海溢"、"海侵"、"海啸"及"大海潮"等，把风暴潮灾害称为"潮灾"。风暴潮的空间范围一般由几十千米至千千米，时间尺度或周期约为1～100小时，介于地震海啸和低频天文潮波之间。但有时风暴潮影响区域随大气扰动因子的移动而移动，因而有时一次风暴潮过程可影响一两千千米的海岸区域，影响时间多达数天之久。

如果风暴潮恰好与天文高潮相叠（尤其是与天文大潮期间的高潮相叠），加之风暴潮往往夹狂风恶浪而至，溯江河洪水而上，则常常使其影响所及的滨海区域潮水暴涨，甚者海潮冲毁海堤海塘，吞噬码头、工厂、城镇和村庄，使物资不得转移，人畜不得逃生，从而酿成巨大灾难。

第十二章　风暴潮（Storm surge）

风暴潮的分类及特点

国内外学者较多按照诱发风暴潮的大气扰动特性，把风暴潮分为由热带气旋所引起的台风风暴潮（或称热带风暴风暴潮，在北美称为飓风风暴潮，在印度洋沿岸称为热带气旋风暴潮）和由温带气旋等温带天气系统所引起的温带风暴潮两大类。

台风风暴潮，多见于夏秋季节。其特点是：来势猛、速度快、强度大、破坏力强。凡是有台风影响的海洋国家、沿海地区均有台风风暴潮发生。

温带风暴潮，多发生于春秋季节，夏季也时有发生。其特点是：增水过程比较平缓，增水高度低于台风风暴潮。主要发生在中纬度沿海地区，以欧洲北海沿岸、美国东海岸以及我国北方海区沿岸为多。

我国是世界上两类风暴潮灾害都非常严重的少数国家之一，风暴潮灾害一年四季均可发生，从南到北所有海岸均无幸免。国内外通常以引起风暴潮的天气系统来命名风暴潮。例如：由1980年第7号强台风（国际上称为 Joe 台风）引起的风暴潮，称为8007台风风暴潮或 Joe 风暴潮；由1969年登陆北美的 Camille 飓风引起的风暴潮，称为 Camille 风暴潮等。

风暴潮成灾因素

风暴潮能否成灾，在很大程度上取决于其最大风暴潮位是否与天文潮高潮相叠，尤其是与天文大潮期的高潮相叠。当然，也决定于受灾地区的地理位置、海岸形状、岸上及海底地形，尤其

震撼

是滨海地区的社会及经济（承灾体）情况。

如果最大风暴潮位恰与天文大潮的高潮相叠，则会导致发生特大潮灾，如8923和9216号台风风暴潮。1992年8月28日~9月1日，受第16号强热带风暴和天文大潮的共同影响，我国东部沿海发生了1949年以来影响范围最广、损失非常严重的一次风暴潮灾害。潮灾先后波及福建、浙江、上海、江苏、山东、天津、河北和辽宁等省、市。风暴潮、巨浪、大风、大雨的综合影响，使南自福建东山岛，北到辽宁省沿海的近万千米的海岸线，遭受到不同程度的袭击。受灾人口达2000多万，死亡194人，毁坏海堤1170千米，受灾农田193.3万公顷，成灾33.3万公顷，直接经济损失90多亿元。

当然，如果风暴潮位非常高，虽然未遇天文大潮或高潮，也会造成严重潮灾。8007号台风风暴潮就属于这种情况。当时正逢天文潮平潮，由于出现了5.94米的特高风暴潮位，仍造成了严重风暴潮灾害。依国内外风暴潮专家的意见，一般把风暴潮灾害划分为四个等级，即特大潮灾、严重潮灾、较大潮灾和轻度潮灾。

三、中外历史上的风暴潮

我国历史上的风暴潮

中国历史上，由于风暴潮灾造成的生命财产损失触目惊心。1782年清代的一次强温带风暴潮，曾使山东无棣至潍县等7个县受害。1895年4月28、29日，渤海湾发生风暴潮，毁掉了大沽口

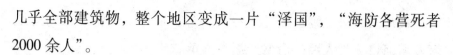

几乎全部建筑物，整个地区变成一片"泽国"，"海防各营死者2000余人"。

上海地区在历史上也曾发生多起非常严重的特大风暴潮灾。其中最严重的一次发生在1696年，"康熙三十五年六月初一日，大风暴雨如注，时方值亢旱，顷刻沟渠皆溢，欢呼载道。二更余，忽海啸，飓风复大作，潮挟风威，声势汹涌，冲入沿海一带地方几数百里。宝山纵亘六里，横亘十八里，水面高于城丈许；嘉定、崇明及吴淞、川沙、柘林八、九团等处，漂没千丈，灶户一万八千户，淹死者共十万余人。黑夜惊涛猝至，居人不复相顾，奔窜无路，至天明水退，而积尸如山，惨不忍言"。这是我国风暴潮灾害历史的文字记载中，死亡人数最多的一次。

1922年8月2日一次强台风风暴潮袭击了汕头地区，造成特大风暴潮灾。据史料记载和我国著名气象学家竺可桢先生考证，这次风暴潮中有7万余人丧生，更多的人无家可归、流离失所，是20世纪以来我国死亡人数最多的一次风暴潮灾害。

中华人民共和国成立后的四十多年中，我国曾多次遭到风暴潮的袭击，也造成了巨大的经济损失和人员伤亡。

1956年第12号（Wanda）强台风引起的特大风暴潮，使浙江省淹没农田40万亩，死亡人数4629人。

1969年第3号（Viola）强台风登陆广东惠来，造成汕头地区特大风暴潮灾，汕头市进水，街道漫水1.5～2米，牛田洋大堤被冲垮。1554人丧生。

1964年4月5日发生在渤海的温带气旋风暴潮，使海水涌入陆地20～30千米，造成了1949年以来渤海沿岸最严重的风暴潮

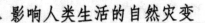

灾。黄河入海口受潮水顶托，浸溢为患，加重了灾情，莱州湾地区及黄河口一带人民生命财产损失惨重。

另一次是 1969 年 4 月 23 日，同一地区的温带风暴潮使无棣至昌邑、莱州的沿海一带海水内侵达 30~40 千米。

四十多年中，尽管沿海人口急剧增加，但死于潮灾的人数已明显减少，这不能不归功于我国社会制度的优越和风暴潮预报警报的成功。但随着濒海城乡工农业的发展和沿海基础设施的增加，承灾体的日趋庞大，每次风暴潮的直接和间接损失却正在加重。据统计，中国风暴潮的年均经济损失已由 50 年代的 1 亿元左右，增至 80 年代后期的平均每年约 20 亿元，90 年代前期的每年平均 76 亿元，1992 和 1994 年分别达到 93.2 和 157.9 亿元。

发生在国外的风暴潮

在孟加拉湾沿岸，1970 年 11 月 13 日发生了一次震惊世界的热带气旋风暴潮灾害。这次增水超过 6 米的风暴潮夺去了恒河三角洲一带 30 万人的生命，溺死牲畜 50 万头，使 100 多万人无家可归。1991 年 4 月的又一次特大风暴潮，在有了热带气旋及风暴潮警报的情况下，仍然夺去了 13 万人的生命。

1959 年 9 月 26 日，日本伊势湾的名古屋一带地区，遭受了日本历史上最严重的风暴潮灾害。最大风暴增水曾达 3.45 米，最高潮位达 5.81 米。当时，伊势湾一带沿岸水位猛增，暴潮激起千层浪，汹涌地扑向堤岸，防潮海堤短时间内即被冲毁，造成了 5180 人死亡，伤亡合计 7 万余人，受灾人口达 150 万，直接经济损失 852 亿日元（当年价）。

美国也是一个频繁遭受风暴潮袭击的国家，并且和我国一样，既有飓（台）风风暴潮又有温带大风风暴潮。1969 年登陆美国墨西哥湾沿岸的"卡米尔 – Camille"飓风风暴潮曾引起了 7.5 米的风暴潮，这是迄今为止世界第一位的风暴潮记录。

历史上荷兰也曾不止一次被海水淹没，又不止一次地从海洋里夺回被淹没的土地。这些被防潮大堤保护的土地约占荷兰全部国土的 3/4。

四、风暴潮的预防

风暴潮的成因主要是大风引起的增水和天文大潮高潮的叠加结果。世界主要海洋国家早在 20 世纪二三十年代，就已经在天气预报和潮汐预报的基础上，开始了风暴潮的预报研究工作。受风暴潮影响比较严重的国家也相继成立了预报机构，较早成立的是荷兰风暴潮警报机构（1931 年），其后英国于 1953 年成立了风暴潮警报局。美国是世界上多风暴潮的国家，自 1936 年以来，美国国会曾三次通过有关法案，责成有关部门开展风暴潮的研究与预报，并由美国国家飓风中心发布预报，沿海各州的气象机构也制作邻近海域的风暴潮预报工作，其中以夏威夷和阿拉斯加两个州的预报海域范围为最广。

美英等一些国家，正以高科技装备实现了预警系统的自动化、现代化，对风暴潮的监测、监视、通讯、预警、服务等基本做到实时、高速。美国不仅由所属海洋站的船只、浮标、卫星等自动化仪器实现对风暴潮的自动监测，还通过世界卫星通讯系统定时

震撼

进行传输，有效的提高了时效，整个预警过程的时间间隔不超过3小时。此外，美国在现行联邦体制下，将处理自然灾害的主要职责放在州政府一级上，为此州政府运用税收和增加公益金等手段广泛收集资金，以从事广泛的灾害管理和应急自救等活动。近几年美国有些州遭到几次大飓风暴潮灾的侵袭，州政府及有关部门都能掌握风暴潮的动向，在短时间内组织数十万人有序转移，大大减轻了灾害的损失，有效地实施灾后工作。

我国风暴潮预报业务系统是20世纪70年代初建成的，国家海洋水文气象预报总台（现为国家海洋环境预报中心）于1974年正式向全国发布风暴潮预报，发布预报的方式，从最初的电报、电话，发展到后来的电视广播、传真电报和电话等传媒手段，经长期统计其平均时效为12.4小时，高潮位预报误差为25.5厘米，高潮时平均误差为19.8分钟。随后国家海洋局所属三个分局预报区台、海南省海洋局预报区台以及部分海洋站、水利部所属的沿海部分省市水文总站和水文、海军气象台等单位也相继开展了所辖省、地区和当地的风暴潮预报，至此一个全国性的预报网络已基本建成。

目前我国在沿海已建立了由280多个海洋站、验潮站组成的监测网络，配备比较先进的仪器和计算机设备，利用电话、无线电、电视和基层广播网等传媒手段，进行灾害信息的传输。风暴潮预报业务系统比较好地发布了特大风暴潮预报和警报，同时沿海省市有关部门和大中型企业也积极加强防范并制订了一些有效的对策，如一些低洼港口和城市根据当地社会经济发展状况结合历来风暴潮侵袭资料，重新确定了警戒水位。

第十三章　森林火灾（Forest fire）

一、震撼现场——大兴安岭特大森林火灾

1987 年 5 月 6 日至 6 月 2 日，在黑龙江省大兴安岭地区发生特大森林火灾，火场总面积 133 万公顷。火灾延烧 28 天，受害森林面积 87 万公顷，损失林木蓄积 3960 万立方米。

这次特大森林火灾来势迅猛，东部塔河、西部漠河两县的古莲、河湾、依西、阿木耳、兴安林场 5 个起火点同时起火。西部古莲林场 5 月 6 日起火，5 月 7 日基本扑灭，7 日晚上 7 时突起 8 级以上大风，5 个小时火头推进 100 千米，公路、铁路、河流，甚至 500 米宽的防火线也未能阻挡住火势蔓延。一个晚上就烧毁了西林吉、图强、阿木耳 3 个林业局所在地和 7 个林场、4 个半储木场。到 5 月 8 日，从西部漠河县到东部塔河县境内已形成数十万公顷的大火海。

参加扑火的军民共 5.8 万人，其中解放军 3.8 万人，森林警察、消防警察和专业扑火队 2100 多人，当地群众、林业职工近 2 万人。出动汽车 1600 多辆，飞机 96 架（1542 架次、2175 小时），风力灭火机 3600 多台，干粉灭火弹 16 万枚，干粉灭火剂 102 吨，人工降雨飞机 4 架（16 架次），用去干冰 1000 千克、碘化银炮弹 4000 发，化学灭火飞机用化学灭火药剂 82 吨，还调用各种手工工具 34512 件，空运机降灭火人员 2400 多人。

这次大火是建国以来，烧林面积最大、伤亡最惨、损失最重的一次。过火面积 101 万公顷，其中有林面积 70 万公顷，烧毁贮木场存材 85 万立方米。烧毁各种设备 2484 台，其中汽车、拖拉机等大型设备 617 台。烧毁桥涵 67 座，铁路专用线 9.2 千米，通讯线路 543 千米，输变电线路 284 千米。烧毁粮食 162.5 万千克，烧毁房屋 61.4 万平方米，其中民房 40 万平方米。受灾群众 10807 户、56092 人。烧死 193 人，伤 226 人。上述几项损失达 5 亿多元，且不包含扑火所用人力、物力、财力的耗费以及停工停产的损失和森林资源的损失。至于火灾给生态环境带来的影响，更是无法用金钱能够计算出来的。

二、认识森林火灾

森林火灾，是指失去人为控制，在林地内自由蔓延和扩展，对森林、森林生态系统和人类带来一定危害和损失的林火行为。森林火灾是一种突发性强、破坏性大、处置救助较为困难的自然灾害。

林火发生后，按照对林木是否造成损失及过火面积的大小，可把森林火灾分为森林火警（受害森林面积不足 1 公顷或其它林地起火）、一般森林火灾（受害森林面积在 1 公顷以上 100 公顷以下）、重大森林火灾（受害森林面积在 100 公顷以上 1000 公顷以下）、特大森林火灾（受害森林面积 1000 公顷以上）。

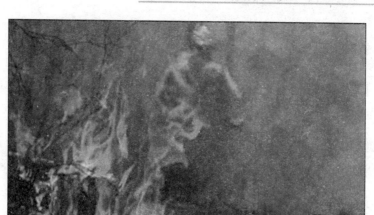

森林火灾

森林火灾的起火原因

森林火灾的起因主要有两大类：人为火和自然火。

1. 人为火包括以下几种：

（1）生产性火源：农、林、牧业生产用火，林副业生产用火，工矿运输生产用火等。

（2）非生产性火源：如野外吸烟，做饭，烧纸，取暖等。

（3）故意纵火：在人为火源引起的火灾中，以开垦烧荒、吸烟等引起的森林火灾最多。在我市的森林火灾中，由于吸烟、烧荒和上坟烧纸引起的火灾占了绝对数量。

2. 自然火：包括雷电火、自燃等。由自然火引起的森林火灾约占我国森林火灾总数的1%。

森林火灾的危害

森林在国民经济中占有重要地位，它仅能提供国家建设和人民生活所需的木材及林副产品，而且还肩负着释放氧气、调节气候、涵养水源、保持水土、防风固沙、美化环境、净化空气、减少噪音及旅游保健等多种使命．同时，森林还是农牧业稳产高产的重要条件。然而，森林火灾会给森林带来严重危害，森林火灾位居破坏森林的三大自然灾害（病害、虫害、火灾）之首。它不仅给人类的经济建设造成巨大损失，破坏生态环境，而且还会威胁到人民生命财产安全．具体表现在如下的几个方面：

1. 烧毁林木

森林一旦遭受火灾，最直观的危害是烧死或烧伤林木。一方面使森林蓄积下降，另一方面也使森林生长爱到严重影响。森林虽是再生资源，但是生长周期较长，遭受火灾后，其恢复需要很长的时间。特别是高强度大面积森林火灾之后，森林很难恢复原貌，常常被低价林或灌丛取而代之。如果反复多次遭到火灾危害，还会成为荒草地，甚至变成裸地。例如，1987年"5·6"特大森林火灾之后，分布在坡度较陡的地段的森林遭严重火烧之后基本变成了荒草坡，生态环境严重破坏，再要恢复森林几乎是不可能的。

2. 烧毁林下植物资源

森林除了可以提供木材以外，林下还蕴藏着丰富的野生植物资源，所有这些林副产品都具有重要的商品价值和经济效益。

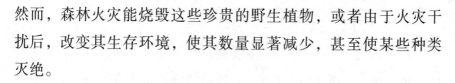

然而，森林火灾能烧毁这些珍贵的野生植物，或者由于火灾干扰后，改变其生存环境，使其数量显著减少，甚至使某些种类灭绝。

3. 危害野生动物

森林是各种珍禽异兽的家园。森林遭受火灾后，会破坏野生动物赖以生存的环境，有时甚至直接烧死、烧伤野生动物。由于火灾等原因而造成的森林破坏，我国不少野生动物种类已经灭绝或处于濒危，如野马、高鼻羚羊、新疆虎、犀牛、豚鹿、朱鹮、黄腹角雉、台湾鹇等几十种珍贵鸟兽已经灭绝。另外，大熊猫、东北虎、长臂猿、金丝猴、野象、野骆驼、海南坡鹿等国家级保护动物也面临濒危，如不加以保护，有灭绝的危险。因此，防治森林火灾，不仅是保护森林本身，同时也保护了野生动物，进而保护了生物物种的多样性。

4. 引起水土流失

森林具有涵养水源，保持水土的作用。据测算，每公顷林地比无林地能多蓄水 30 立方米，3000 公顷森林的蓄水量相当于一座 100 万立方米的小型水库。因此，森林有"绿色水库"之美称。此外，森林树木的枝叶及林床（地被物层）的机械作用，大大减缓雨水对地表的冲击力；林地表面海绵状的枯枝落叶层不仅具有抗雨水冲击作用，而且能大量吸收水分；加之森林庞大的根系对土壤的固定作用，使得林地很少发生水土流失现象。然而，当森林火灾过后，森林的这种功能会显著减弱，严重时甚至会消失。因此，严重的森林火灾不仅能引起水土流失，还会引起山洪爆发、泥石流等自然灾害。

5. 使下游河流水质下降

森林多分布在山区，山高坡陡，一旦遭受火灾，林地土壤侵蚀、流失要比平原严重很多。大量的泥沙会被带到下游的河流或湖泊之中，引起河流淤积，并导致河水中养分的变化，使水的质量显著下降。河流水质的变化会严重影响鱼类等水生生物的生存。颗粒细小的泥沙会使鱼卵窒息，抑制鱼苗发育；河水流量的增加，加之泥沙混浊，会使鱼卵遭到破坏。此外，火烧后的黑色物质（灰分等）大量吸收太阳能，使得下游河流水温升高，千万鱼类容易染病，特别是喜欢在冷水中生存的鱼类，火烧后常常大量死亡。

6. 引起空气污染

森林燃烧会产生大量的烟雾，其主要成分为二氧化碳和水蒸汽，这两种物质约占所有烟雾成分的90%～95%；另外，森林燃烧还会产生一氧化碳、碳氢化合物、碳化物、氮氧化物及微粒物质，约占10%～5%。除了水蒸汽以外，所有其他物质的含量超过某一限度时都会造成空气污染，危害人类身体健康及野生动物的生存。1997年发生在印度尼西亚的森林大火，燃烧了近一年，森林燃烧所产生的烟雾不仅给其本国造成严重的空气污染，而且还影响了新加坡、马来西亚、文莱等邻国。许多新加坡市民不得不配戴防毒面具来防止烟雾的危害。

7. 威胁人民生命财产安全

全世界每年由于森林火灾导致千余人死亡。1871年发生在美国威斯康星州和密执安州的一场森林大火烧死1500余人。此外，森林火灾还会给人民财产带来危害。林区的工厂、房屋、桥梁、铁路、输电线路、畜牧、粮食等常常受到森林火灾的威胁。

三、近年森林火灾发生概况

我国森林火灾概况

1950年以来，我国年均发生森林火灾13067起，受害森林面积653019公顷，因灾伤亡580人。其中1988年以前，全国年均发生森林火灾15932起，受害森林面积947238公顷，因灾伤亡788人（其中受伤678人，死亡110人）。1988年以后，全国年均发生森林火灾7623起，受害森林面积94002公顷，因灾伤亡196人（其中受伤142人，死亡54人），分别下降52.2%、90.1%和75.3%。1949以来我国最大的一次森林火灾就是前文所说的发生于1987年5月6日至6月2日在黑龙江省大兴安岭北部林区的特大森林火灾，过火林地总面积114万公顷，其中受害森林面积87万公顷。为纪念这次火灾，在漠河县西森吉镇建成了"5·6"火灾纪念馆并对外开放，主要展示"5·6"火灾造成的损失后果及恢复生产重建家园的有关历史文字、图片、实物等。

世界范围内的特大森林火灾

据统计，世界各地每年发生森林火灾达20多万次，平均每年烧毁的森林面积占世界森林总面积的0.1%以上，然而有据可查的烧毁百万公顷以上的特大森林火灾达 7 次之多，损失触目惊心。

1825 年发生在美国的缅因州和加拿大新不伦瑞克省，烧毁森林 120 万公顷。

1871 年发生在美国的威斯康星州和密执安州，烧毁森林 152 万公顷。

1915 年发生在西伯利亚，5 个月烧毁森林 1200 万公顷。

1976 年发生在澳大利亚，烧毁森林及草原 1.2 亿公顷，占国土面积的 1/7，这次大火灾曾有"世界火海"之称。

1983 年发生在印度尼西亚的加里曼丹，烧毁森林 350 万公顷。

1997 年夏季被称为"世纪灾难"的印度尼西亚的森林大火也烧了几个月，烧毁森林 30 多万公顷，直接经济损失达 1250 万美元。森林中许多珍贵热带树木和动物化为灰烬。大火产生的烟雾严重威胁着东南亚地区人民的健康。印尼本国受害者多达 2000 万。这场大火的烟雾造成呼吸道疾病的大范围暴发，患者达 5 万人以上。

2007 年 8 月 23、24 日，希腊接连发生 170 场山林大火，火灾面积占希腊国土一半以上，共造成 64 人死亡。

四、森林防火措施及火灾应对

森林火灾是一种突发性强、破坏性大、处置救助较为困难的自然灾害。森林防火工作是各国防灾减灾工作的重要组成部分，是国家公共应急体系建设的重要内容，是社会稳定和人民安居乐业的重要保障，是加快林业发展，加强生态建设的基础和前提，

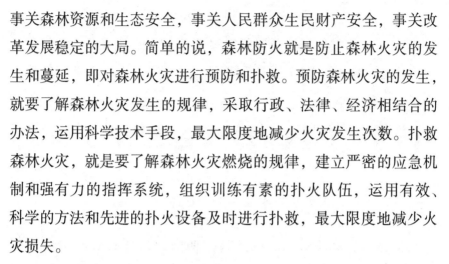

事关森林资源和生态安全，事关人民群众生民财产安全，事关改革发展稳定的大局。简单的说，森林防火就是防止森林火灾的发生和蔓延，即对森林火灾进行预防和扑救。预防森林火灾的发生，就要了解森林火灾发生的规律，采取行政、法律、经济相结合的办法，运用科学技术手段，最大限度地减少火灾发生次数。扑救森林火灾，就是要了解森林火灾燃烧的规律，建立严密的应急机制和强有力的指挥系统，组织训练有素的扑火队伍，运用有效、科学的方法和先进的扑火设备及时进行扑救，最大限度地减少火灾损失。

森林扑火要坚持"打早、打小、打了"的基本原则。1988 年 1 月 16 日中国国务院发布的《森林防火条例》规定：森林防火工作实行"预防为主，积极消灭"的方针。森林防火工作实行各级人民政府行政领导负责制。林区各单位都要在当地人民政府领导下，实行部门和单位领导负责制。预防和扑救森林火灾，保护森林资源，是每个公民应尽的义务。

森林火灾的扑救方法

1. 散热降温，使燃烧可燃物的温度降到燃点以下而熄灭，主要采取冷水喷洒可燃物物质，吸收热量，降低温度，冷却降温到燃点以下而熄灭；用湿土覆盖燃烧物质，也可达到冷却降温的效果。

2. 隔离热源（火源），使燃烧的可燃物与未燃烧可燃物隔离，破坏火的传导作用，达到灭火目的。为了切断热源（火源），通常采用开防火线、防火沟，砌防火墙，设防火林带，喷洒化学灭

震撼

火剂等方法，达到隔离热源（火源）的目的。

3. 断绝或减少森林燃烧所需要的氧气，使其窒息熄灭。主要采用扑火工具直接扑打灭火、用沙土覆盖灭火、用化学剂稀释燃烧所需要氧气灭火，就会使可燃物与空气形成短暂隔绝状态而窒息。这种方法仅适用于初发火灾，当火灾蔓延扩展后，需要隔绝的空间过大，投工多，效果差。

森林防火、灭火工作中采用的新技术

1. 人工促进降雨：在森林火险期内，选择适合降雨的天气条件，用人工催化降雨的方法进行防火、灭火。目前，我国用于促进人工降雨的催化剂有：干冰、碘化银等。利用飞机、降雨火箭，高射炮等作为播撒工具，将催化剂带入高空云层中促进人工降雨。

2. 森林化学灭火：用化学药剂阻滞森林火灾的发生和蔓延的一种灭火方法。以磷酸氨、尿素等为主剂制成化学灭火剂，通过飞机或背负式灭火器，将化学灭火剂直接喷洒在火头或火线上进行灭火。此外，利用化学除草剂开设防火线。

3. 利用红外线探火仪和红外摄影来探测林火。应用红外线热幅射原理，可以发现初起林火和地下火，可透过烟雾，拍摄火线及火区，监视火烧迹地余火和测算火烧迹地面积等。

4. 利用人造地球卫星探测林火：通过气象卫星地面接收站，准确测定森林火灾的位置和火场范围。并通过火灾发生发展情况的彩色照片进行火灾分析，为森林防火指挥部门提供可靠的森林火灾的信息和依据。

5. 根据气象部门提供的大量气象因子数据，利用电子计算机进行火险预报、计算并确定最适合的防火方案。

扑救森林火灾应注意避免烧死烧伤

扑救森林火灾是一项紧急性任务。扑火队员面对高温烤、浓烟呛以及精疲力竭。火场中可燃物有时能产生200℃以上的地面温度和1000℃空气温度，而人体在高于120℃的环境中就丧失功能。所以高温、浓烟、身体过分消耗是发生扑火队员伤亡的危险三角。故参加扑火人员一定要注意：

1. 上火场要配戴安全防护装备，包括头盔、服装、手套、靴子、安全罩、眼镜、滤毒面罩，以避免高温、烟熏造成晕迷、窒能被火烧死。

2. 服从有扑林火经验的人员指挥，注意观察周围火环境和林火发展特点。

扑火时不要在火区线内活动，要沿着火场的外围边线前进。

打上山火时不要顺着火头爬山扑打，防止被火包围；打地下火时，注意不要掉进腐质层中，被火烧伤；打林内火时，注意不要被倒树砸伤；打大火时，要选择火势弱的地方为突破口，不要在火势强的地方强攻；对于一时攻不上去的火，要回避火头，待机歼灭。风大、火势撤退时，要沿着已灭火线返回，避开顺风火，防止被火吞没。休息时，宿营地周围要打好安全防火线，以防被火包围。

3. 由于风向突变或地形特点，参加扑火人员有时被火包围，脱险的办法是：

震撼

（1）先在附近点火烧除一块空地，作为安全区然后进入扑火。

（2）若来不及点火，要立即选择近处土坑、河滩或河沟。把衣服用水浸湿，蒙在头上，卧倒扑火。

（3）用衣服把头包好，选择杂草矮小或好走的地方，一口气迎着火猛冲出去，也可以安全脱险。

第十四章 地震（Earthquake）

一、震撼现场——8.9 级智利大地震

1960 年 5 月 21 日至 6 月 22 日一个多月的时间里，在智利发生了 20 世纪震级最大的震群型地震，在南北 1400 千米长的狭窄地带，连续发生了数百次地震，其中超过 8 级的 3 次，超过 7 级的 10 次，最大主震为 8.9 级，为世界地震史所罕见。地震期间，6 座死火山重新喷发，3 座新火山出现。这次地震导致数万人死亡和失踪，200 万人无家可归；码头全部瘫痪，瓦尔的维亚城被淹没，智利国内经济遭受巨大损失，并引发了世界上影响范围最大、也是最严重的一次地震海啸。

当 5 月 21 日地震刚刚发生时，震动还比较轻微，但这种颤动与以往地震不同的是，它连续不断地发生着。接着，震级一次高于一次，震动也一次比一次剧烈。仓皇之中，人们摇摇晃晃跑到室外。这时虽然也有一些不太结实的房屋被震塌、震裂，偶然也有慌不择路的人们被压死和砸伤，但一些比较牢固的建筑物还都安然无恙。由于地震开始来势并不那么凶猛，人们还有时间躲避，伤亡人数不多。然而，连续两天持续不断的震荡使人们产生了松懈麻痹情绪，由于破坏程度不大，人们不像开始那样惧怕地震，有人甚至搬进了已被震裂的房屋中居住。5 月 22 日 19 时 11 分，

震撼

忽然地声大作，震耳欲聋。地震波像数千辆隆隆驶来的坦克车队从蒙特港的海底传来。不久，大地便剧烈地颤动起来。这次地震，是世界地震史上一次震级最高、最强烈的地震，震级达8.9级（也有认为震级高达9.5级）。它发生在位于太平洋智利海沟、蒙特港附近海底，震中为南纬38.2度、西经76.6度，影响范围在南北800千米长的椭圆内。这场超级强烈地震持续了将近3分钟之久，给当地居民带来了严重的灾难。蒙特港是智利的一个重要港口，设施完备先进，具有较强的吞吐能力，但在这场地震的淫威下，所有房屋设施都被震塌，许多人被埋进碎石瓦砾中。

二、认识地震

地球可分为三层。中心层是地核；中间是地幔；外层是地壳。地震一般发生在地壳之中。地壳内部在不停地变化，由此而产生力的作用，使地壳岩层变形、断裂、错动，于是便发生地震。地震是地球内部介质局部发生急剧的破裂，产生的震波，从而在一定范围内引起地面振动的现象。大地振动是地震最直观、最普遍的表现。在海底或滨海地区发生的强烈地震，能引起巨大的波浪，称为海啸。地震是极其频繁的，全球每年发生地震约500万次。

描述地震的概念

地球内部岩层破裂引起振动的地方称为震源。它是有一定大小的区域，是地震能量积聚和释放的地方。震源在地球表面上的垂直投影，叫震中。震中距相等的各点的连线叫做等震线。震中到震源的深度叫作震源深度。通常将震源深度小于 70 千米的叫浅源地震，深度在 70～300 千米的叫中源地震，深度大于 300 千米的叫深源地震。对于同样大小的地震，由于震源深度不一样，对地面造成的破坏程度也不一样。震源越浅，破坏越大，但波及范围也越小，反之亦然。

　　某地与震中的距离叫震中距。震中距小于 100 千米的地震称为地方震，在 100～1000 千米之间的地震称为近震，大于 1000 千米的地震称为远震，其中，震中距越远的地方受到的影响和破坏越小。

　　震级是表征地震强弱的量度；其大小是以地震仪测定的每次地震活动释放的能量多少来确定的，通常用字母 M 表示。目前，我国使用的震级标准，是国际上通用的里氏分级表（这种震级叫做里克特震级，俗称里氏震级，由美国地震学家里克特 1935 年提出），共分 9 个等级。

　　按震级大小可把地震划分为以下几类：

里氏震级	分类	震源附近地震效应
＜M3	弱震	通常不被感知，但（仪器）可记录
M3～M4.5	有感地震	可以感知，但很少造成破坏
M4.5～M6.0	中强震	对构建良好的建筑最多可造成破坏，在小范围内对质量较差的建筑物可造成大的破坏，但破坏轻重还与震源深度、震中距等多种因素有关
M6.0～M7.9	强震	可造成 100 千米范围内的严重破坏
＞M8	特大地震	可造成 1000 千米范围的严重破坏

震撼

当某地发生一个较大的地震时，在一段时间内，往往会发生一系列的地震，其中最大的一个地震叫做主震，主震之前发生的地震叫前震，主震之后发生的地震叫余震。

地震的时空分布规律

从时间上看，地震有活跃期和平静期交替出现的周期性现象。

从空间上看，地震的分布呈一定的带状，称地震带，主要集中在环太平洋和地中海—喜马拉雅两大地震带。太平洋地震带几乎集中了全世界80%以上的浅源地震（0～70千米），全部的中源（70～300千米）和深源地震，所释放的地震能量约占全部能量的80%。

地震的类型

地震分为天然地震和人工地震两大类。此外，某些特殊情况下也会产生地震，如大陨石冲击地面（陨石冲击地震）等。引起地球表层振动的原因很多，根据地震的成因，可以把地震分为以下几种：

1. 构造地震

由于地下深处岩石破裂、错动把长期积累起来的能量急剧释放出来，以地震波的形式向四面八方传播出去，到地面引起的房摇地动称为构造地震。这类地震发生的次数最多，破坏力也最大，约占全世界地震的90%以上。

2. 火山地震

由于火山作用，如岩浆活动、气体爆炸等引起的地震称为火山地震。只有在火山活动区才可能发生火山地震，这类地震只占全世界地震的7%左右。

3. 塌陷地震

由于地下岩洞或矿井顶部塌陷而引起的地震称为塌陷地震。这类地震的规模比较小，次数也很少，即使有，也往往发生在溶洞密布的石灰岩地区或大规模地下开采的矿区。

4. 诱发地震

由于水库蓄水、油田注水等活动而引发的地震称为诱发地震。这类地震仅仅在某些特定的水库库区或油田地区发生。

5. 人工地震

地下核爆炸、炸药爆破等人为引起的地面振动称为人工地震。人工地震是由人为活动引起的地震。如工业爆破、地下核爆炸造成的振动；在深井中进行高压注水以及大水库蓄水后增加了地壳的压力，有时也会诱发地震。

地震灾害的特点

地震灾害是群灾之首，它具有突发性、成纵性和续发性等特点，并产生严重次生灾害，对社会也会产生很大影响等特点。

1. 突发性

地震一般是在平静的状况下突然发生的自然现象。强烈的地震可以在几秒或者几十秒的时间内造成巨大的破坏，严重的顷刻之间可使一座城市变成废墟。尤其是发生在夜间的地震，

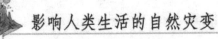

影响人类生活的自然灾变

震撼

后果更为严重。如唐山大地震发生在凌晨3点42分，当时人们正在酣睡，事先毫无警觉，结果伤亡惨重，造成经济损失上百亿元以上。

2. 成纵性

在一个区域，或者一次强烈地震发生后，为调整区域应力场，或岩石破裂的延续活动，往往在某一时间内的地震活动呈成纵性出现，连续造成灾害。

3. 续发性

强烈的地震不仅可以直接造成建筑物、工程设施的破坏和人员的伤亡，而且往往引发一系列次生灾害和衍生灾害，造成更大的破坏。如由地震灾害诱发的火灾、水灾、毒气和化学药品的泄露污染，以及细菌污染、放射性污染等，还有滑坡、泥石流、海啸等次生灾害等，此外还包括上述灾害所造成的社会各种损失。

地震的直接灾害与次生灾害

地震直接灾害是地震的原生现象，如地震断层错动，以及地震波引起地面振动，所造成的灾害。主要有：地面的破坏，建筑物与构筑物的破坏，山体等自然物的破坏（如滑坡、泥石流等），海啸、地光烧伤等。

而地震次生灾害是直接灾害发生后，破坏了自然或社会原有的平衡或稳定状态，从而引发出的灾害。主要有：火灾、水灾、毒气泄漏、瘟疫等。其中火灾是次生灾害中最常见、最严重的。

150

地震后的房屋

　　地震灾害破坏程度，除了与震级大小有关外，还与震源深度、距震中远近、震中区的地质条件、建筑物的抗震性能、人们的防震搞震意识、应急措施和预报预防程度等有关。

三、中外历史上影响重大的地震

中国历史上的大地震

　　1303 年 9 月 17 日，山西洪洞、赵城附近发生 8 级大地震，死亡 47.58 万人。

　　1556 年陕西华县 8 级地震，死亡人数高达 83 万人。是目前世界已知死亡人数最多的地震。

　　1668 年 7 月 25 日 20 时左右，山东郯城大地震震级为 8.5 级

震撼

郯城大地震，波及 8 省 161 县，是中国历史上最大的地震之一，破坏区面积 50 万平方千米以上，史称"旷古奇灾"。

1920 年 12 月 16 日 20 时 5 分 53 秒，宁夏海原县发生震级为 8.5 级的强烈地震。死亡 24 万人，毁城 4 座，数 10 座县城遭受破坏。

1927 年 5 月 23 日 6 时 32 分 47 秒，甘肃古浪发生震级为 8 级的强烈地震。死亡 4 万余人。地震发生时，土地开裂，冒出发绿的黑水，硫磺毒气横溢，熏死饥民无数。

1932 年 12 月 25 日 10 时 4 分 27 秒，甘肃昌马堡发生震级为 7.6 级的大地震。死亡 7 万人。

1933 年 8 月 25 日 15 时 50 分 30 秒，四川茂县叠溪镇发生震级为 7.5 级的大地震。地震发生时，地吐黄雾，城郭无存，有一个牧童竟然飞越了两重山岭。巨大山崩使岷江断流，壅坝成湖。

1950 年 8 月 15 日 22 时 9 分 34 秒，中国西藏察隅县发生震级为 8.6 级的强烈地震。喜马拉雅山几十万平方千米大地瞬间面目全非，雅鲁藏布江在山崩中被截成四段，整座村庄被抛到江对岸。

1970 年 1 月 5 日 1 时 0 分 34 秒，云南省通海县发生震级为 7.7 级的大地震。死亡 15621 人，伤残 32431 人。

1975 年 2 月 4 日 19 时 36 分 6 秒，辽宁省海城县发生震级为 7.3 级的大地震。由于此次地震被成功预测预报预防，使更为巨大和惨重的损失得以避免，它因此被称为 20 世纪地球科学史和世界科技史上的奇迹。

1976 年 7 月 28 日 3 时 42 分 54 点 2 秒，河北省唐山市发生震级为 7.8 级的大地震。死亡 24.2 万人，重伤 16 万人，一座重工业城市毁于一旦，直接经济损失 100 亿元以上，为 20 世纪世界上人员伤亡最大的地震。

1988 年 11 月 6 日 21 时 3 分、21 时 16 分，中国云南省澜沧、耿马发生震级为 7.6 级（澜沧）、7.2 级（耿马）的两次大地震。相距 120 千米的两次地震，时间仅相隔 13 分钟，两座县城被夷为平地，伤 4105 人，死亡 743 人，经济损失 25.11 亿元。

2008 年 5 月 12 日 14 时 28 分，四川汶川县（31.0°N，103.4°E），发生震级为 8.0 级地震，直接严重受灾地区达 10 万平方千米，累计受灾人数 4624 万。

全球 20 世纪以来的最强地震

智利大地震（1960 年 5 月 22 日）：里氏 8.9 级（又有报为 9.5 级），发生在智利中部海域，并引发海啸及火山爆发。此次地震共导致 5000 人死亡，200 万人无家可归。此次地震为历史上震级最高的一次地震。

美国阿拉斯加大地震（1964 年 3 月 28 日）：里氏 8.8 级，此次引发海啸，导致 125 人死亡，财产损失达 3.11 亿美元。阿拉斯加州大部分地区、加拿大育空地区及哥伦比亚等地都有强烈震感。

美国阿拉斯加大地震（1957 年 3 月 9 日）：里氏 8.7 级，发生在美国阿拉斯加州安德里亚岛及乌那克岛附近海域。地震导致休眠长达 200 年的维塞维朵夫火山喷发，并引发 15 米高的大海

震撼

啸，影响远至夏威夷岛。

印度尼西亚大地震（2004 年 12 月 26 日）：里氏 8.7 级，发生在位于印度尼西亚苏门答腊岛上的亚齐省。地震引发的海啸席卷斯里兰卡、泰国、印度尼西亚及印度等国，导致约 30 万人失踪或死亡。

俄罗斯大地震（1952 年 11 月 4 日）：里氏 8.7 级，此次地震引发的海啸波及夏威夷群岛，但没有造成人员伤亡。

厄瓜多尔大地震（1906 年 1 月 31 日）：里氏 8.8 级，发生在厄瓜多尔及哥伦比亚沿岸。地震引发强烈海啸，导致 1000 多人死亡。中美洲沿岸、圣·费朗西斯科及日本等地都有震感。

印度尼西亚大地震（2005 年 3 月 28 日）：里氏 8.7 级，震中位于印度尼西亚苏门答腊岛以北海域，离三个月前发生 9.0 级地震位置不远。目前已经造成 1000 人死亡，但并未引发海啸。

美国阿拉斯加大地震（1965 年 2 月 4 日）：里氏 8.7 级，地震引发高达 10.7 米的海啸，席卷了整个舒曼雅岛。

四、地震的预报和应对

地震的预报

地震和刮风下雨一样，都是一种自然现象，在它来临之前是有前兆的，特别是强烈地震，在孕育过程中总会引起地下和地上各种物理及化学变化，给人们提供信息。如地下水的变化，突然升降或变味、发浑、发响、冒泡。气象的变化，如天气骤冷、骤热，出现大旱、大涝，电磁场的变化、临震前动物、植物的异常反应等等。根据这些反应进行综合研究，再加上专业部门从地震机制，地震地质、地球物理、地球化学、生物变化、天体影响及气象异常等方面利用仪器观测的数据进行处理分析，可以对发震的时间，地点和震级进行预报。如辽宁海城 1975 年的 7.3 级地震的成功预报，就是一例。但是，由于地震成因的复杂性和发震的突然性，以及人们现时的科学水平有限，直到目前地震预报还是一个世界性的难题，在世界上尚无一个可靠途径和手段能准确的预报所有破坏性地震。为此各国地震工作者和专家都在努力探索。

我国的地震预报由于国家的重视和其明确的任务性，经过一代人的努力，已居于世界先进行列。在第四个地震活跃期内，曾成功地对海城等几次大震做过短临预报，因此经联合国科教文组织评审，作为唯一对地震作出过成功短临预报的国家，被载入史册。但是从世界范围说，地震预报仍处于探索阶段，尚未完全掌握地震孕育发展的规律，我们的预报主要是根据多年积累的观测资料和震例，进行经验性预报。因此，不可避免地带有很大的局限性。为此，《中华人民共和国防震减灾法》第十六条规定：国家对地震预报实行统一发布制度。地震短期预报和临震预报，由省、自治区、直辖市人民政府按照国务院规定的程序发布。任何单位或者从事地震工作的专业人员关于短期地震预测或者临震预测的意见，应当报国务院地震行政主管部门或者县级以上地方人民政府负责管理地震工作的部门或者机构按照前款规定处理，不得擅自向社会扩散。在我国，地震预

震撼

报的发布权在政府。属于地震系统的任何一级行政单位、研究单位、观测台站、科学家和任何个人，都无权发布有关地震预报的消息。

临震应急准备

在已发布破坏性地震临震预报的地区，应做好以下几个方面的应急工作：

1. 备好临震急用物品。地震发生之后，食品、医药等日常生活用品的生产和供应都会受到影响水塔、水管往往被震坏，造成供水中断。为能度过震后初期的生活难关，临震前社会和家庭都应准备一定数量的食品、水和日用品，以解燃眉之急。

2. 建立临震避难场所。住的问题也是一件大事。房舍被震坏，需要有安身之处；余震不断发生，要有一个躲藏处。这就需要临时搭建防震、防火、防寒、防雨的防震棚。各种帐篷都可以利用，农村储粮的小圆仓，也是很好的抗震房。

3. 划定疏散场所，转运危险物品。城市人口密集，人员避震和疏散比较困难，为确保震时人员安全，震前要按街、区分布，就近划定群众避震疏散路线和场所。震前要把易燃、易爆和有毒物资及时转运到城外存放。

4. 设置伤员急救中心。在城内抗震能力强的场所，或在城外设置急救中心，备好床位、医疗器械、照明设备和药品等。

5. 暂停公共活动。得到正式临震预报通知后，各种公共场所应暂停活动，观众或顾客要有秩序地撤离；中、小学校可临时在室外上课；车站、码头可在露天候车。

6. 组织人员撤离并转移重要财产。如果得到正式临震警报或通知，要迅速而有秩序地动员和组织群众撤离房屋。正在治疗的重病号要转移到安全的地方。对少数思想麻痹的人，也要动员到安全区。农村的大牲畜、拖拉机等生产资料，临震前要妥善转移到安全地带，机关、企事业单位的车辆要开出车库，停在空旷地方，以便在抗震救灾中发挥作用。

7. 防止次生灾害的发生。城市发生地震可能出现严重的次生灾害，特别是化工厂、煤气厂等易发生地震次生灾害的单位，要加强鉴测和管理，设专人昼夜站岗和值班。

8. 确保机要部门的安全。城市内各种机要部门和银行较多，地震时要加强安全保卫，防止国有资产损失和机密泄漏。消防队的车辆必须出库，消防人员要整装待发，以便及时扑灭火灾，减少经济损失。

9. 组织抢险队伍，合理安排生产。临震前，各级政府要就地组织好抢险救灾队伍（救人、医疗、灭火、供水、供电、通信等）。必要时，某些工厂应在防震指挥部的统一指令下暂停生产或低负荷运行。

10. 做好家庭防震准备。在已发布地震预报地区的居民须做好家庭防震准备，制定一个家庭防震计划，检查并及时消除家里不利防震的隐患。(1) 检查和加固住房，对不利于抗震的房屋要加固，不宜加固的危房要撤离；对于笨重的房屋装饰物如女儿墙、高门脸等应拆掉。(2) 合理放置家具、物品固定好高大家具，防止倾倒砸人，牢固的家具下面要腾空，以备震时藏身；家具物品

震撼

摆放做到"重在下，轻在上"，墙上的悬挂物要取下来成固定位，防止掉下来伤人；清理好杂物，让门口、楼道畅通；阳台护墙要清理，拿掉花盆、杂物；易燃易爆和有毒物品要放在安全的地方。

（3）准备好必要的防震物品准备一个包括食品、水、应急灯、简单药品、绳索、收音机等在内的家庭防震包，放在便于取到处。

（4）进行家庭防震演练进行紧急撤离与疏散练习以及"一分钟紧急避险"练习。

震后积极自救互救

地震时如被埋压在废墟下，周围又是一片漆黑，只有极小的空间，你一定不要惊慌，要沉着，树立生存的信心，相信会有人来救你，要千方百计保护自己。

地震后，往往还有多次余震发生，处境可能继续恶化，为了免遭新的伤害，要尽量改善自己所处环境。此时，如果应急包在身旁，将会为你脱险起很大作用。

在这种极不利的环境下，首先要保护呼吸畅通，挪开头部、胸部的杂物，闻到煤气、毒气时，用湿衣服等物捂住口、鼻；避开身体上方不结实的倒塌物和其它容易引起掉落的物体；扩大和稳定生存空间，用砖块、术棍等支撑残垣断壁，以防余震发生后，环境进一步恶化。

其次，设法脱离险境。如果找不到脱离险境的通道，尽量保存体力，用石块敲击能发出声响的物体，向外发出呼救信号，不要哭喊、急躁和盲目行动，这样会大量消耗精力和体力，尽可能控制自己的情绪或闭目休息，等待救援人员到来。如果受伤，要想法包扎，避免流血过多。

　　再次要维持生命。如果被埋在废墟下的时间比较长，救援人员未到，或者没有听到呼救信号，就要想办法维持自己的生命，防震包的水和食品一定要节约，尽量寻找食品和饮用水，必要时自己的尿液也能起到解渴作用。

震撼

第十五章　海啸（Tsunami）

一、震撼现场——印度洋大海啸

2004 年 12 月 26 日，印度尼西亚苏门答腊岛以北海域当地时间上午 8 时发生里氏 8.9 级强烈地震，地震引发巨大的海啸席卷了印度洋沿岸地区，造成近 30 万人死亡，100 多万人无家可归……其中，印度尼西亚、斯里兰卡、印度、泰国等国灾情最为严重。

海啸掀起狂涛骇浪，汹涌澎湃，产生极大的破坏力，让人惊呼电影《后天》里那些可怕的镜头，竟然真实出现在现实生活中。乌来来海滩本是印尼班达亚齐市最著名的海滩，方圆 32 平方千米。海啸前这里风景如画，游人如织。海啸发生后，这里尸横遍野，随处可见丧生的游客。据当地报纸报道，仅在乌来来海滩，截止到 12 月 18 日就挖掘出 9600 多具尸体。从海边向内陆的 2 千米内所有建筑几乎全部被摧毁，残垣断壁绵延 50 余千米。一些原本是在海里重达数百吨的大渔船，在海啸之后直接被抛到了市区街道上。

历经此劫，泰国的普吉岛也花容失色：渔船歪七扭八地在海湾挤作一团，桅杆拦腰断裂，缆绳和船上的物品七零八落。街上一片狼藉，歪七扭八的车辆排起了长龙。电线垂在半空中，纹丝不动。塑料水桶、轮胎、桌椅、门框、粗细不一的树枝、三轮车、粘着血迹的木料，应有尽有地堆在街上。

泰国普吉岛遭遇海啸

在斯里兰卡，当局报告了确认死亡 13000 人，估计死亡数突破 20000 人，大部分为儿童和老人，超过 100 万人无家可归。该国东部的贝迪卡洛和北部的提尼卡马里，洪水直入陆地达 2 千米。一位斯里兰卡人推着自行车，沿着铁路枕木回到他被击毁的房屋。路边的房屋都成了横七竖八的折断的木板，屋顶颓然匍匐在废墟上面。

马来西亚沿海地区的房屋和村庄被严重破坏，不计其数的渔船被毁。政府宣布，为海啸遇难者的家属给予相当于 263.16 美元的补偿，每个受伤者获得 52.63 美元的补偿。

马尔代大首都马累，整个城市有 2/3 浸泡在水中。在海啸高潮期间，该国一些地势较低的小岛被彻底淹没，包括一些重要的旅游胜地。

二、认识海啸

海啸是一种灾难性的海浪，通常由震源在海底下 50 千米以内、里氏震级 6.5 以上的海底地震引起。水下或沿岸山崩或火山爆发也可能引起海啸。在一次震动之后，震荡波在海面上以不断扩大的圆圈，传播到很远的距离。海啸波长比海洋的最大深度还要大，不管海洋深度如何，波都可以传播过去。

海啸在许多西方语言中称为"tsunami"，词源自日语"津波"，即"港边的波浪"（"津"即"港"，这也显示出了日本是一个经常遭受海啸袭击的国家）。目前，人类对地震、火山、海啸等突如其来的灾变，只能通过观察、预测来预防或减少它们所造成的损失，但还不能阻止它们的发生。

海啸的起因

海啸主要由水下地震、火山爆发或水下塌陷和滑坡等因素引起。破坏性的地震海啸，只在出现垂直断层、里氏震级大于 6.5 级的条件下才能发生。当海底地震导致海底变形时，变形地区附近的水体产生巨大波动，海啸就产生了。

海啸的传播速度与它移行的水深成正比。在太平洋，海啸的传播速度一般为两三百千米到 1000 多千米每小时。海啸不会在深海大洋上造成灾害，正在航行的船只甚至很难察觉这种波动。海啸发生时，越在外海越安全。一旦海啸进入大陆架，由于深度急剧变浅，波高骤增，可达 20 ~ 30 米，这种巨浪可带来毁灭性灾害。

海啸的分类

海啸可分为 4 种类型。即由气象变化引起的风暴潮、火山爆发引起的火山海啸、海底滑坡引起的滑坡海啸和海底地震引起的地震海啸。其机制有两种形式："下降型"海啸和"隆起型"海啸。

"下降型"海啸：某些构造地震引起海底地壳大范围的急剧下降，海水首先向突然错动下陷的空间涌去，并在其上方出现海水大规模积聚，当涌进的海水在海底遇到阻力后，即翻回海面产生压缩波，形成长波大浪，并向四周传播与扩散，这种下降型的海底地壳运动形成的海啸在海岸首先表现为异常的退潮现象。1960 年智利地震海啸就属于此种类型。

"隆起型"海啸：某些构造地震引起海底地壳大范围的急剧上升，海水也随着隆起区一起抬升，并在隆起区域上方出现大规模的海水积聚，在重力作用下，海水必须保持一个等势面以达到相对平衡，于是海水从波源区向四周扩散，形成汹涌巨浪。这种隆起型的海底地壳运动形成的海啸波在海岸首先表现为异常的涨潮现象。1983 年 5 月 26 日，中日本海 7.7 级地震引起的海啸属于此种类型。

三、近百余年来的大规模海啸

近百年来发生地若十次海啸事件更是给人留下了难以磨灭的记忆。

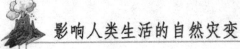

震撼

1883 年，印尼喀拉喀托火山爆发，引发海啸，使印尼苏门答腊和爪哇岛受灾，3.6 万人死亡。

1896 年，日本发生 7.6 级地震，地震引发的海啸造成 2 万多人死亡。

1906 年，哥伦比亚附近海域发生地震，海啸使哥伦比亚、厄瓜多尔一些城市受灾。

1960 年，临近智利中南部的太平洋海底发生 9.5 级地震（有始以来最强烈的地震），并引发历史上最大的海啸，波及整个太平洋沿岸国家，造成数万人死亡，就连远在太平洋东边的日本和俄罗斯也有数百人遇难。

1992 年至 1993 年共 10 个月里，太平洋发生 3 次海啸，共2500 多人丧生。

1998 年 7 月两个 7.0 级的海底地震，造成巴布亚新几内亚约2100 人丧生。

2004 年 12 月 26 日于印尼的苏门达腊外海发生芮氏地震 9 级海底地震。海啸袭击斯里兰卡、印度、泰国、印尼、马来西亚、孟加拉、马尔代夫、缅甸和非洲东岸等国，造成 30 余万人丧生。

四、海啸的预警和救援

因为地震波沿地壳传播的速度远比地震海啸波运行速度快，所以海啸是可以提前预报的。不过，海啸预报比地震探测还要难。因为海底的地形太复杂，海底的变形很难测得准。

海啸预警的物理基础在于地震波传播速度比海啸的传播速度

快。地震纵波即 P 波的传播速度约为 6～7 千米/秒，比海啸的传播速度要快 20～30 倍，所以在远处，地震波要比海啸早到达数十分钟乃至数小时，具体数值取决于震中距和地震波与海啸的传播速度。例如，当震中距为 1000 千米时，地震纵波大约 2.5 分钟就可到达，而海啸则要走大约 1 个多小时；1960 年智利特大地震激发的特大海啸 22 小时后才到达日本海岸。

如能利用地震波传播速度与海啸传播速度的差别造成的时间差分析地震波资料，快速地、准确地测定出地震参数，并与预先布设在可能产生海啸的海域中的压强计（不但应当有布设在海面上的压强计，更应当有安置在海底的压强计）的记录相配合，就有可能做出该地震是否激发了海啸、海啸的规模有多大的判断。然后，根据实测水深图、海底地形图及可能遭受海啸袭击的海岸地区的地形地貌特征等相关资料，模拟计算海啸到达海岸的时间及强度，运用诸如卫星、遥感、雷达等空间技术监测海啸在海域中传播的进程、采用现代信息技术将海啸预警信息及时传送给可能遭受海啸袭击的沿海地区的居民，并在可能遭受海啸袭击的沿海地区，开展有关预防和减轻海啸灾害的科技知识的宣传、教育、普及以及应对海啸灾害的训练和演习。这样，就有希望在海啸袭击时，拯救成千上万生命和避免大量的财产损失。

海啸预警具有可靠的物理基础，它不但在理论上是成立的，实际上也是可行的，并且已经有了成功的范例。例如，1946 年，海啸给夏威夷的"曦嵝"（Hilo）市造成了严重的人员伤亡和财产损失。于是，1948 年便在夏威夷便建立了太平洋海啸预警中

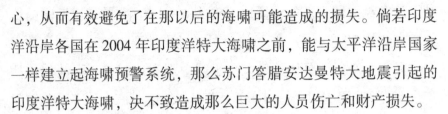

震撼

心，从而有效避免了在那以后的海啸可能造成的损失。倘若印度洋沿岸各国在 2004 年印度洋特大海啸之前，能与太平洋沿岸国家一样建立起海啸预警系统，那么苏门答腊安达曼特大地震引起的印度洋特大海啸，决不致造成那么巨大的人员伤亡和财产损失。

以上所述的海啸预警对于"远洋海啸"比较有效。但是，对于"近海海啸"（亦称"本地海啸"）即激发海啸的海底地震离海岸很近，例如只有几十至数百千米的海啸，由于地震波传播速度与海啸传播速度的差别造成的时间差只有几分钟至几十分钟，海啸早期预警就比较难于奏效。为了在大地震之后能够迅速地、正确地判断该地震是否激发海啸，减少误判与虚报、特别是"近海海啸"预警的误判与虚报以提高海啸预警的水平，必须加强对海啸物理的研究。

海啸中的自救互救

1. 地震是海啸最明显的前兆。如果你感觉到较强的震动，不要靠近海边、江河的入海口。如果听到有关附近地震的报告，要做好防海啸的准备，注意电视和广播新闻。要记住，海啸有时会在地震发生几小时后到达离震源上千千米远的地方。

2. 海上船只听到海啸预警后应该避免返回港湾，海啸在海港中造成的落差和湍流非常危险。如果有足够时间，船主应该在海啸到来前把船开到开阔海面。如果没有时间开出海港，所有人都要撤离停泊在海港里的船只。

3. 海啸登陆时海水往往明显升高或降低，如果你看到海面后退速度异常快，立刻撤离到内陆地势较高的地方。

4. 如果在海啸时不幸落水，要尽量抓住木板等漂浮物，同时注意避免与其他硬物碰撞。

5. 在水中不要举手，也不要乱挣扎，尽量减少动作，能浮在水面随波漂流即可。这样既可以避免下沉，又能够减少体能的无谓消耗。

6. 如果海水温度偏低，不要脱衣服。

7. 尽量不要游泳，以防体内热量过快散失。

8. 不要喝海水。海水不仅不能解渴，反而会让人出现幻觉，导致精神失常甚至死亡。

9. 尽可能向其他落水者靠拢，既便于相互帮助和鼓励，又因为目标扩大更容易被救援人员发现。

10. 人在海水中长时间浸泡，热量散失会造成体温下降。溺水者被救上岸后，最好能放在温水里恢复体温，没有条件时也应尽量裹上被、毯、大衣等保温。注意不要采取局部加温或按摩的办法，更不能给落水者饮酒，饮酒只能使热量更快散失。给落水者适当喝一些糖水有好处，可以补充体内的水分和能量。

11. 如果落水者受伤，应采取止血、包扎、固定等急救措施，重伤员则要及时送医院救治。

12. 要记住及时清除落水者鼻腔、口腔和腹内的吸入物。具体方法是：将落水者的肚子放在你的大腿上，从后背按压，将海水等吸入物倒出。如心跳、呼吸停止，则应立即交替进行口对口人工呼吸和心脏挤压。

影响人类生活的自然灾变

震撼

第十六章　雪崩（Avalanche）

一、震撼现场——雪崩毁掉整个容加城

　　1970 年 5 月 31 日 20 时 30 分，在秘鲁安第斯山脉的瓦斯卡兰山峰下的容加依城内，很多人已经沉睡于梦乡，这时忽然从远处传来了雷鸣般的响声，随即大地像波涛中的航船，顿时失控，在疯狂、猛烈地颤抖着，睡梦中的人们刚刚意识到发生了地震，又一阵惊雷似的响声由远至近，从瓦斯卡兰山峰方向传来。一会儿，山崩地裂，雪花飞扬，狂风扑面而来。原来，由地震诱发的一次大规模的巨大雪崩爆发了。

　　地震把山峰上的岩石震裂、震松、震碎，地震波又将山上的冰雪击得粉碎。瞬时，冰雪和碎石犹如巨大的瀑布，紧贴着悬崖峭壁倾泻而下，几乎以自由落体的速度塌落了 900 米之多。刚遭受地震袭击的容加依城，人们惊魂未定，又被随之而到的冰雪巨龙席卷，大多数人被压死在冰雪之下，快速行进中的冰雪巨龙，又使许多人窒息而死。

　　在瓦斯卡兰山峰下，是一片冰川粒雪盆。这里，聚积了厚厚的冰雪。此时，在山峰上落下的冰雪和碎石的猛烈冲击下，打碎了粒雪盆内的厚厚冰雪。在巨大的气浪作用下，盆内的冰雪粉尘腾空而起，好像下了一场特大的暴风雪。顿时，雪花纷飞，漫天

四溅，蘑菇似的雪云升达数百米之高，大有遮天蔽日之势。剧烈的震动，使山顶上的冰雪和岩石连续不断地崩塌。每崩塌一次，就升起一次蘑菇状的雪云。粒雪盆里，第一次崩塌下来的冰雪，堆积还没有稳定，雪粒还没有全部落下，又被再次崩塌下来的冰雪击得粉尘四起。

由峰顶纷纷塌落下来的冰雪碎石，在粒雪盆里汇成了非常庞大的冰雪体。盆内的冰雪愈积愈多，愈积愈厚，开始以极大的速度溢出粒雪盆口，形成了一股强大的冰雪流。这股强大的冰雪流，像脱了缰的野马，带着强大的气浪，喷着白色的烟雾，呼啸而下……

这是迄今为止，世界上最大、最悲惨的雪崩灾祸，它将瓦斯卡兰山峰下的容加依城全部摧毁，造成 2 万居民死亡，受灾面积达 23 平方千米。

二、认识雪崩

积雪的山坡上，当积雪内部的内聚力抗拒不了它所受到的重力拉引时，便向下滑动，引起大量雪体崩塌，人们把这种自然现象称作雪崩。也有的地方把它叫做"雪塌方"、"雪流沙"或"推山雪"。雪崩往往从宁静的、覆盖着白雪的山坡上部开始，突然间，咋嚓一声，勉强能够听见的这种声音告诉人们这里的雪层断裂了。先是出现一条裂缝，接着，巨大的雪体开始滑动。雪体在向下滑动的过程中，迅速获得了速度。于是，雪崩体变成一条几乎是直泻而下的白色雪龙，腾云驾雾，呼啸着声势凌厉地向山下冲去。

雪崩

雪崩是一种所有雪山都会有的地表冰雪迁移过程，它们不停地从山体高处借重力作用顺山坡向山下崩塌，崩塌时速度可以达20～30米/秒。随着雪体的不断下降，速度也会突飞猛涨，一般12级的风速度为20米/秒，而雪崩将达到97米/秒，速度可谓极大。具有突然性、运动速度快、破坏力大等特点。它能摧毁大片森林，掩埋房舍、交通线路、通讯设施和车辆，甚至能堵截河流，发生临时性的涨水。同时，它还能引起山体滑坡、山崩和泥石流等可怕的自然现象。因此，雪崩被人们列为积雪山区的一种严重自然灾害。

雪崩的成因

造成雪崩的原因主要是山坡积雪太厚。积雪经阳光照射以后，表层雪溶化，雪水渗入积雪和山坡之间，从而使积雪与地面的摩擦力减小；与此同时，积雪层在重力作用下，开始向下滑动。积雪大量滑动造成雪崩。此外，地震运行踩裂雪面也会导致积雪下滑造成雪崩。

　　雪崩常常发生于山地，有些雪崩是在特大雪暴中产生的，但常见的是发生在积雪堆积过厚，超过了山坡面的摩擦阻力时。

　　人们可能察觉不到，其实在雪山上一直都进行着一种较量：重力一定要将雪向下拉，而积雪的内聚力却希望能把雪留在原地。当这种较量达到高潮的时候，哪怕是一点点外界的力量，比如动物的奔跑、滚落的石块、刮风、轻微地震动，甚至在山谷中大喊一声，只要压力超过了将雪粒凝结成团的内聚力，就足以引发一场灾难性雪崩。例如刮风，风不仅会造成雪的大量堆积，还会引起雪粒凝结，形成硬而脆的雪层，致使上面的雪层可以沿着下面的雪层滑动，发生雪崩。

　　然而，除了山坡形态，雪崩在很大程度上还取决于人类活动。据专家估计，90%的雪崩都由受害者或者他们的队友造成，这种雪崩被称为"人为休闲雪崩"。滑雪、徒步旅行或其他冬季运动爱好者经常会在不经意间成为雪崩的导火索。而人被雪堆掩埋后，半个小时不能获救的话，生还希望就很渺茫了。我们经常会看到这样的报道，说某某人在滑雪时遭遇雪崩，不幸遇难。但那时，雪崩到底是主动伤人，还是在人的运动影响下迫不得已发生，就不得而知了。

雪崩的几种形式

　　山坡雪下滑时，有时像一堆尚未凝固的水泥般缓缓流动，有时会被障碍物挡住去路，有时大量积雪急滑或崩泻，挟着强大气

震撼

流冲下山坡，形成较少见的板状雪崩。

1. 松软的雪片崩落

降在背风斜坡的雪不像山脚下的雪那样堆积紧实。在斜坡背后会形成缝隙缺口。它给人的感觉是很硬实和安全，但最细微的干扰或者像一声来复枪响的动静，就能使雪片发生崩落。

2. 坚固的雪片崩落

这种情况下的雪片有一种欺骗性的坚固表面——有时走在上面能产生隆隆的声音。它经常由于大风和温度猛然下降造成。爬山者和滑雪者的运动就像一个扳机，能使整个雪块或大量危险冰块崩落。

3. 空降雪崩

在严寒干燥的环境中，持续不断新下的雪落在已有的坚固的冰面上可能会引发雪片崩落，这些粉状雪片以每秒90米的速度下落。覆盖住口和鼻的话，还有生存的机会，如果被淹没后吸入大量雪就会引起死亡。

雪崩发生的规律

雪崩的形成和发展可分为三个区段，即形成区、通过区、堆积区。雪崩的形成区大多在高山上部，积雪多而厚的部位。比如，高高的雪檐，坡度超过50～60度的雪坡，悬冰川的下端等地貌部位，都是雪崩的形成区。雪崩的通过区紧接在形成区的下面，常是一条从上而下直直的U形沟槽，由于经常有雪崩通过，尽管被白雪覆盖，槽内仍非常平滑，基本上没有大的起伏或障碍物，长可达几百米，宽20～30米或稍大一些，但不会太宽，否则滑下的冰雪就不会很集中，形成不了大的雪崩。堆积区同样是紧接在形成区的下面，是在山脚处因坡度突然变缓而使雪崩体停下来的地方，从地貌形态上看多呈锥体，所以也叫雪崩锥（或雪崩堆）。

雪崩的发生是有规律可寻的。大多数的雪崩都发生在冬天或者春天的降雪非常大的时候。尤其是暴风雪爆发前后。这时的雪非常松软，粘合力比较小，一旦一小块被破坏了，剩下的部分就会像一盘散沙或是多米诺骨牌一样，产生连锁反应而飞速下滑。春季，由于解冻期长，气温升高时，积雪表面融化，雪水就会一滴滴地渗透到雪层深处，让原本结实的雪变得松散起来，大大降低积雪之间的内聚力和抗断强度，使雪层之间很容易产生滑动。雪崩的严重性取决于雪的体积、温度、山坡走向，尤其重要的是坡度。最可怕的雪崩往往产生于倾斜度为25°～50°的山坡。如果山势过于陡峭，就不会形成足够厚的积雪，而斜度过小的山坡也不太可能产生雪崩。

和洪水一样，雪崩也是可重复发生的现象，也就是说，如果在某地发生了雪崩，完全有可能不久后它又卷土重来。有可能每下一场雪、每一年或是每个世纪都在同一地点发生雪崩，这一切都取决于山坡的地形特点和某些气候因素。

雪崩发生的多少跟气候和地形也很有关系。我国天山中部冬季积雪和雪崩经常阻断山区公路，而念青唐古拉山和横断山地经常发生的雪崩是供给现代冰川发育的重要来源之一。与此同时，在我国西部靠近内陆的昆仑山、唐古拉山、祁连山等山地，降水量比较少，没有明显的旱、雨季之分，雪崩可能也就比较少。另

震撼

外，这些内陆山地相对高度较低，一般都在 1000～1500 米，故山地的坡度也比较缓和。而喜马拉雅山、喀喇昆仑山相对高度在3000～4000 米，甚至达到 5000～6000 米，故山地坡度较陡，发生雪崩的可能性和雪崩的势能也就更大。

雪崩的发生还有空间和时间上的规律。就中国高山而言，西南边界上的高山如喜马拉雅山、念青唐古拉山以及横断山地，因主要受印度洋季风控制，除有雨季（5～10 月）和旱季（11～4月）之分外，全年降水都比较丰富，高山上部得到的冬、春降雪和积雪也比较多，故易发生雪崩。此外，天山山地、阿尔泰山地，因受北冰洋极地气团的影响，冬春降水也比较多，所以这个季节雪崩也比较多。

雪崩的危害

雪崩对登山者、当地居民和旅游者是一种很严重的威胁。在高山探险遇到的危险中，雪崩造成的危害是最为经常、惨烈的，常常造成"全军覆没"。因雪崩遇难的人要占全部高山遇难的 1/2～1/3。但是，探险者遭遇雪崩的地理位置不同，危险性也不一样。如果所遇雪崩处正是在雪崩的通过区，危险要小一些，如果被雪崩带到堆积区，生还的机率就很小了。另外，雪崩摧毁森林和度假胜地，也会给当地的旅游经济造成非常大的经济影响。

通常雪崩从山顶上爆发，在它向山下移动时，以极高的速度从高处呼啸而下，用巨大的力量将它所过之处将一切扫荡净尽，直到广阔的平原上它的力量才消失。一旦发生，其势不可阻挡。

这种"白色死神"的重量可达数百万吨。有些雪崩中还夹带大量空气，这样的雪崩流动性更大，有时甚至可以冲过峡谷，到达对面的山坡上。

比起泥石流、洪水、地震等灾难发生时的狰狞，雪崩真的可以形容为美得惊人。雪崩发生前，大地总是静悄悄的，然后随着轻轻的一声"咔嚓"，雪层断裂，白白的、层层叠叠的雪块、雪板应声而起——好像山神突然发动内力震掉了身上的一件白袍，又好像一条白色雪龙腾云驾雾，顺着山势呼啸而下，直到山势变缓。

但是，美只是雪崩喜欢示人的一面，就在美的背后隐藏的却是可以摧毁一切的恐怖。领教过其威力的人更愿意称它为"白色妖魔"。的确，雪崩的冲击力量是非常惊人的。它会以极快的速度和巨大的力量卷走眼前的一切。有些雪崩会产生足以横扫一切的粉末状摧毁性雪云。

据测算，一次高速运动的雪崩，会给每平方米的被打物体表面带来 40~50 吨的力量。世界上根本就没有哪种物体，能经得住这样的冲击。1981 年 4 月 12 日，一块体积约一栋房子那么大的冰块从阿拉斯加的三佛火山顶部冰川上滑下，落在旁边的雪坡上，造成数百万吨雪迅速下滚，将沿途 13 平方千米地区全部摧毁。据有关专家指出，该雪崩产生了长达 160 千米的粉末状雪云，是迄今为止纪录上最为严重的一次。事实上，一旦这种时速可高达 400 千米、足以吞没整座城市的自然怪物开始行动，我们就只能束手就擒了。

了解雪崩的人应该知道，其实在雪崩中，比雪崩本身更可怕

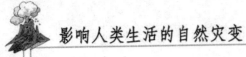

的是雪崩前面的气浪。因为雪崩由于从高处以很大的势能向下运动，譬如从6000米高处向下坠落或滑落，会引起空气的剧烈振荡，故有极快的速度甚至会形成一层气浪。这种气浪有些类似于原子弹的爆炸时产生的冲击波，所到之处，房屋被毁、树木消失、人会窒息而死。有时雪崩体本身未到而气浪已把前进路上的一切阻挡物冲得人仰马翻。1970年的秘鲁大雪崩中，雪崩体在不到3分钟时间里飞跑了14.5千米，速度接近于90米/秒，比十二级台风擅长的32.5米/秒的奔跑速度还要快得多。这次雪崩引起的气浪，把地面上的岩石的碎屑席卷上天，竟然叮叮咚咚地下了一阵"石雨"。

三、有关雪崩的故事和事故

雪崩和战争

雪崩同战争一样，带给人们的都是无穷的灾难，它们之间好似有不解之缘。历史上有很多与雪崩有关的战争。

古代非洲北部曾经有一个非常著名的军事强国，叫迦太基帝国。后来，这个帝国由于利害冲突，与地中海北岸的罗马帝国发生了多次战争。公元前218年，迦太基名将汉尼拔奉命远征罗马帝国，他统率步兵38000、骑兵8000和大象37头，绕道西班牙和法国，在10月底翻越积雪的阿尔卑斯山。因为汉尼拔缺乏雪崩的常识，他的部队在阿尔卑斯山上被雪崩冲击得晕头转向，损失惨重，共牺牲兵士18000名，战马2000匹，有几头非洲大象也葬身在雪海之中。

到了近代，法国皇帝拿破仑准备侵略意大利，中间隔着白雪皑皑的阿尔卑斯山。拿破仑比汉尼拔要高明得多，他先派出探子到山上去侦察。探子回来战战兢兢地说："也许可能通过，但是……"拿破仑立即阻止探子说下去："只要可能，便没有但是，马上向意大利进发！"1796年，拿破仑亲自率领军队4万，排成30千米的长蛇队形，浩浩荡荡，从西北向东南横越积雪的阿尔卑斯山。尽管拿破仑事先作了充分的准备，但是，阿尔卑斯山的雪崩，还是掩埋掉他的兵士近千人。

第一次世界大战的时候，意大利和奥地利在阿尔卑斯山的特罗尔地区打仗，双方死于雪崩的人数不少于4万。双方经常有意用大炮轰击积雪的山坡，制造人工雪崩来杀伤敌人。后来有个奥地利军官在回忆录里感叹地说："冬天的阿尔卑斯山，是比意大利军队更危险的敌人！"

近年来发生的雪崩事故

2000年12月，4名俄罗斯人和3名英国人组成的登山组在攀登北高加索卡巴尔达－巴尔卡尔山的乌什巴山峰时，因遭遇雪崩而身亡。

2003年1月，7名美国滑雪者在加拿大东部不列颠哥伦比亚省塞尔扣克山区遭遇雪崩，不幸遇难。

2003年7月，秘鲁安第斯山脉发生雪崩，18名外国登山者失踪。

2004年1月，新西兰塔斯曼山发生雪崩4人死亡。

2004年8月，吉尔吉斯斯坦吉雪崩，11人死亡，数十人下落

震撼

不明。

2004 年 12 月，3 名登山者死于雪崩，新西兰第一高峰库克峰成"吃人峰"。

2005 年 10 月，喜马拉雅山脉雪崩，法国登山队 18 人全部遇难。

2005 年 11 月，日本北海道发生雪崩，造成多名登山者死亡。

2006 年 1 月，勃朗峰雪崩造成 4 人遇难。

2006 年 3 月，阿拉斯加突发雪崩，24 岁的滑雪选手斯马特葬身雪海。

2006 年 8 月，俄罗斯 4 名登山者攀登 K2 峰时遭遇雪崩不幸遇难。

2006 年 11 月，阿玛达布拉姆峰大雪崩 6 人失踪。

四、雪崩的研究与预防

人们总结了很多经验教训后，对雪崩已经有了一些防范的手段。比如对一些危险区域发射炮弹，实施爆炸，提前引发积雪还不算多的雪崩，设专人监视并预报雪崩等。如阿尔卑斯山周边国家以及挪威、冰岛、日本、美国、加拿大等发达国家都在容易发生雪崩的地区都成立了专门组织，设有专门的监测人员，探察它形成的自然规律及预防措施。

在阿尔卑斯山区，几个来自法国国家研究中心（Centro Nacional francés de Investigación，CNRS）和法国国家农业机械、农村工程及水与森林资源管理中心（Centro Nacional de Maquinaria Agrícola, Ingeniería Rural, Aguas y Bosques，CEMAGREF）的专家

团正试图破解雪崩的产生机制。为了模拟雪崩的经过，CNRS 的物理学家们将成千上万的小珠子放入微型人造雪崩机里。雪崩机可以倾斜。这样，小珠子向下滑行时相互推挤碰撞，这个过程会被一台快速摄像机拍摄下来。专家们根据拍摄图像研究"雪崩"到底是如何行进的。

在这个实验中，每粒颗粒的运动实际上很容易计算，问题是现在有成千上万的颗粒，且它们的相互作用是无法计算的。尽管如此，研究者们的实验仍然对了解雪崩动态提供了宝贵资料。他们证实雪崩犹如成团的颗粒物运动，毫无规则地释放能量。虽然雪崩由固体物质组成，但它的运动并不与其完全相同，与气体运动也不同。

根据北卡罗来纳大学（Universidad de Carolina del Norte）地质学家 Tom Drake 所说，形成雪崩的颗粒物分成 5 层：最表层的颗粒在气流的碰撞中被卷起；第二层的颗粒在持续地撞击中混乱前行；再下一层，颗粒已经开始有组织地运动；第四层由间距很小的颗粒构成；最底层的颗粒紧密相连，运动最为缓慢。但Drake 认为："这只能部分解释雪崩，山上还存在很多因素使情况更为复杂。"

个人或登山者对雪崩的预防

遇上雪崩是很危险的，在雪地活动的人必须十分注意以下几点：

天气时冷时暖，天气转晴，或春天开始融雪时，积雪变得很不稳固，很容易发生雪崩。探险者应避免走雪崩区。实在无法避

震撼

免时，应采取横穿路线，切不可顺着雪崩槽攀登。在横穿时要以最快的速度走过，并设专门的瞭望哨紧盯雪崩可能的发生区，一有雪崩迹象或已发生雪崩要大声警告，以便赶紧采取自救措施。大雪刚过，或连续下几场雪后切勿上山。此时，新下的雪或上层的积雪很不牢固，稍有扰动都足以触发雪崩。大雪之后常常伴有好天气，必须放弃好天气等待雪崩过去。如必须穿越雪崩区，应在上午 10 时以后再穿越。因为此时太阳已照射雪山一段时间了，若有雪崩发生的话也多在此时以前，这样也可以减少危险。

不要在陡坡上活动。因为雪崩通常是向下移动，在 11.46°的斜坡上，即可发生雪崩。高山探险时，无论是选择登山路线或营地，应尽量避免背风坡。因为背风坡容易积累从迎风坡吹来的积雪，也容易发生雪崩。行军时如有可能应尽量走山脊线，走在山体最高处。如必须穿越斜坡地带，切勿单独行动，也不要挤在一起行动，应一个接一个地走，后一个出发的人应与前一个保持一段可观察到的安全距离。在选择行军路线或营地时，要警惕所选择的平地。因为在陡峻的高山区，雪崩堆积区最容易表现为相对平坦之地。在高山行军和休息时，不要大声说话，以减少因空气震动而触发雪崩。行军中最好每一个队员身上系一根红布条，以备万一遭雪崩时易于被发现。

注意雪崩的先兆，例如冰雪破裂声或低沉的轰鸣声，雪球下滚或仰望山上见有云状的灰白尘埃。雪崩经过的道路，可依据峭壁、比较光滑的地带或极少有树的山坡的断层等地形特征辨认出来。

遇到雪崩时，不论发生哪一种情况，必须马上远离雪崩的路线。这时要冷静判断当时形势。出于本能，会直朝山下跑，但冰雪也向山下崩落，而且时速达到200千米。向下跑反而危险，可能给冰雪埋住。向旁边跑较为安全，这样，可以避开雪崩，或者能跑到较高的地方。逃生时抛弃身上所有笨重物件，如背包，滑雪板，滑雪杖等。带着这些物件，倘若陷在雪中，活动起来会显得更加困难。

切勿用滑雪的办法逃生。不过，如处于雪崩路线的边缘，则可疾驶逃出险境。如果被雪崩赶上，无法摆脱，切记闭口屏息，以免冰雪涌入咽喉和肺引发窒息。抓紧山坡旁任何稳固的东西，如矗立的岩石之类。即使有一阵子陷入其中，但冰雪终究会泻完，那时便可脱险了。

如果被雪崩冲下山坡，要尽力爬上雪堆表面，平躺，用爬行姿势在雪崩面的底部活动，休息时尽可能在身边造一个大的洞穴。在雪凝固前，试着到达表面。扔掉你一直不能放弃的工具箱——它将在你被挖出时妨碍你抽身。节省力气，当听到有人来时大声呼叫。同时以俯泳、仰泳或狗爬法逆流而上，逃向雪流的边缘。

被雪掩埋时，冷静下来，让口水流出从而判断上下方，然后奋力向上挖掘。逆流而上时，也许要用双手挡住石头和冰块，但一定要设法爬上雪堆表面。

相关链接：杀手山峰——乔戈里峰

乔戈里峰位于中国新疆与巴基斯坦交界处，海拔8611米，山势陡峭，雪崩频繁，被国际登山界统称为K2峰。乔戈里峰的登顶死亡概率约为27%，是世界第一高峰珠穆朗玛峰登顶死亡概率

震撼

的3倍。1954年7月31日，意大利登山者阿基莱·孔帕尼奥尼和利诺·拉切德利首次登上乔戈里峰。那以后至2007年间，284人次成功登上乔戈里峰，同时付出66人死亡的惨痛代价。过去数年间，乔戈里峰无情夺走一些优秀登山者的性命，如英国人尼古拉斯·埃斯特科特、艾伦·劳斯，美国人罗布·斯莱特，法国人莫里斯·巴拉等。

2008年，突如其来的雪崩导致攀登K2峰的9名登山队员死亡，加上他们队伍中的2名向导，共有11人的登山队伍可能在乔戈里悉数遇难，这起事件是K2发生有史以来最惨重伤亡的灾难。

"你可以成为世界上最棒的登山者，"法国登山传奇人物皮埃尔·贝甘曾这样形容乔戈里峰，"但攀登K2来说，需要太多运气，你必须从思想上做好回不来的准备。"

第十七章 火山喷发
（Volcanic eruption）

一、震撼现场——1985 年鲁伊斯火山大喷发

1985 年 11 月 13 日夜晚，拥有 2.5 万人口的哥伦比亚阿美罗小镇上的人们进入了梦乡，整个小镇一片宁静。半夜 11 点的钟声刚刚敲过，突然一道紫色的闪光撕裂了漆黑的夜幕，巨大的响声从那道可怕的闪光处传来。火山发出一声声震天动地的巨响，地动山摇，狂风大作，火山喷出的灼热岩浆顿时融化了山上的层层积雪，冰冷的积雪变成了滚热的液体，顺着山脉顿时溢满泥浆，随后泥浆溢出河床，形成了一片粘稠可怕的汪洋。

只过了短短的 8 分钟，泥石流就吞没了阿美罗，小镇变成了一片泥石流的汪洋。一个原本充满生机的小镇，瞬间在地球上消失得无影无踪，那里的两万多居民也在这一瞬间成为大自然的牺牲品，幸存者寥寥无几。鲁伊斯火山大喷发夺去了 2.5 万人的生命，5000 多人受伤，5 万人无家可归，13 万人成为灾民。

火山爆发

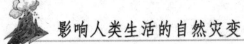

震撼

除人民生命财产遭受的巨大损失外，哥伦比亚的经济损失也相当严重。火山喷发使 15 个城镇受灾，面积达 3 万平方千米。在这个方圆范围内，输水管道、线路、桥梁、学校、医院等公共设施遭到破坏。哥伦比亚是世界上重要的咖啡出口国，咖啡是哥伦比亚经济的支柱创汇业，而受灾地区又是哥伦比亚重要的咖啡产地。火山喷发破坏了大面积的咖啡园，正在成熟的咖啡豆化为灰烬，给哥伦比亚带来了数千万美元的损失。鲁伊斯火山给哥伦比亚经济造成的总体损失高达数十亿美元。

二、认识火山喷发

火山喷发是岩浆等喷出物在短时间内从火山口向地表的释放。由于岩浆中含大量挥发成分，加之上覆岩层的围压，使这些挥发成分溶解在岩浆中无法溢出，当岩浆上升靠近地表时，压力减小，挥发成分急剧被释放出来，于是形成火山喷发。火山喷发是一种奇特的地质现象，是地壳运动的一种表现形式，也是地球内部热能在地表的一种最强烈的显示。

火山喷发的类型

因岩浆性质、地下岩浆库内压力、火山通道形状、火山喷发环境（陆上或水下）等诸因素的影响，使火山喷发的形式有很大差别，一般分为如下几类：

1. 裂隙式喷发

岩浆沿着地壳上巨大裂缝溢出地表，称为裂隙式喷发。这类喷发没有强烈的爆炸现象，喷出物多为基性熔浆，冷凝后往往形成覆盖面积广的熔岩台地。如分布于中国西南川、滇、黔三省交界地区的二叠纪峨眉山玄武岩和河北张家口以北的第三纪汉诺坝玄武岩都属裂隙式喷发。现代裂隙式喷发主要分布于大洋底的洋中脊处，在大陆上只有冰岛可见到此类火山喷发活动，故又称为冰岛型火山。

2. 中心式喷发

地下岩浆通过管状火山通道喷出地表，称为中心式喷发。这是现代火山活动的主要形式，又可细分为3种：

（1）宁静式：火山喷发时，只有大量炽热的熔岩从火山口宁静溢出，顺着山坡缓缓流动，好像煮沸了的米汤从饭锅里沸泻出来一样。溢出的以基性熔浆为主，熔浆温度较高，黏度小，易流动。含气体较少，无爆炸现象、夏威夷诸火山为其代表，又称为夏威夷型。这类火山人们可以尽情地欣赏。

（2）爆烈式：火山爆发时，产生猛烈的爆炸，同时喷出大量的气体和火山碎屑物质，喷出的熔浆以中酸性熔浆为主。1902年12月16日，西印度群岛的培雷火山爆发震撼了整个世界。它喷出的岩浆黏稠，同时喷出大量浮石和炽热的火山灰。这次造成26000人死亡的喷发，就属此类，也称培雷型。

（3）中间式：属于宁静式和爆烈式喷发之间的过渡型。此种类型以中基性熔岩喷发为主。若有爆炸时，爆炸力也不大。可以连续几个月，甚至几年，长期平稳地喷发，并以伴有歇间性的爆发为特征。以靠近意大利西海岸利帕里群岛上的斯特朗博得火山为代表。该火山大约每隔2 3分钟喷发一次，夜间在50千米以外仍可见火山喷发的光焰，故而被誉为"地中海灯塔"。又称斯特朗博利式。有人认为我国黑龙江省的五大连池火山属于这种类型。

火山喷发的阶段

1. 气体的爆炸

在火山喷发的孕育阶段，由于气体出溶和震群的发生，上覆岩石裂隙化程度增高，压力降低，而岩浆体内气体出溶量不断增加，岩浆体积逐渐膨胀，密度减小，内压力增大，当内压力大大超过外部压力时，在上覆岩石的裂隙密度带发生气体的猛烈爆炸，使岩石破碎，并打开火山喷发的通道，首先将碎块喷出，相继而来的就是岩浆的喷发。

2. 喷发柱的形成

气体爆炸之后，气体以极大的喷射力将通道内的岩屑和深部岩浆喷向高空，形成了高大的喷发柱。喷发柱又可分为 3 个区：

（1）气冲区：它位于喷发柱的下部，相当于整个喷发柱高度的 1/10。因气体从火山口冲出时的速度和力量很大，虽然喷射出来的岩块等物质的密度远远超过大气的密度，但它也会被抛向高空。气冲的速度，在火山通道内上升时逐渐加快，当它喷出地表射向高空时，由于大气的压力和喷气能量的消耗，其速度逐渐减小，被气冲到高空的物质，按其重力大小在不同的高度开始降落。

（2）对流区：位于气冲区的上部，因喷发柱气冲的速度减慢，气柱中的气体向外散射，大气中的气体不断加入，形成了喷发柱内外气体的对流，因此称其为对流区。该区密度大的物质开始下落。密度小于大气的物质，靠大气的浮力继续上升。对流区气柱的高度较大，约占喷发柱总高度的 7/10。

（3）扩散区：位于喷发柱的最顶部，此区喷发柱与高空大气的压力达到基本平衡的状态。喷发柱不断上升，柱内的气体和密度小的物质是沿着水平方向的扩散，故称其为扩散区。被带入高空的火山灰可形成火山灰云，火山灰云能长时间飘流在空中，而对区域性的气候带来很大影响，甚至会造成灾害。此区柱体高度占柱体总高度的 2/10 左右。

3. 喷发柱的塌落

喷发柱在上升的过程中，携带着不同粒径和密度的碎屑物，这些碎屑物依着重力的大小，分别在不同高度和不同阶段塌落。决定喷发柱塌落快慢的因素主要有四点：

（1）火山口半径大的，气体冲力小，柱体塌落的就快。

（2）若喷发柱中岩屑含量高，并且粒径和密度大，柱体塌落的就快。

（3）若喷发柱中重复返回空中的固体岩块多，柱体塌落的就快。

（4）喷发柱中若有地表水的加入，可增大柱体的密度，柱体塌落的就快。反之，喷发柱在空中停留时间长，塌落的就慢。

火山喷发并非千篇一律，像夏威夷基拉韦厄火山那样的喷发，事前熔岩已静静地流出，由于熔岩流动缓慢，因而只破坏财产而没有危及生命。而像 1883 年印尼喀拉喀托火山那样的火山碎屑喷发或蒸气爆炸（或蒸气猛烈爆发），则造成人员的重大

震撼

伤亡。

在火山喷发过程中，挥发性物质充当了重要的角色，它不仅是火山喷发的产物，更是火山喷发的动力。从岩浆的产生到火山喷发的整个过程，挥发性物质的活动无一不在起作用。

火山爆发的危害

最具威力、最壮观的火山爆发常常会重复发生。这种火山可能在沉寂达数百年之后再度爆发，而一旦爆发，威力就特别猛烈。这样的火山爆发常常会给人类带来毁灭性破坏。

1. 影响全球气候

火山爆发时喷出的大量火山灰和火山气体，对气候造成极大的影响。因为在这种情况下，昏暗的白昼和狂风暴雨，甚至泥浆雨都会困扰当地居民长达数月之久。火山灰和火山气体被喷到高空中去，它们就会随风散布到很远的地方。这些火山物质会遮住阳光，导致气温下降。此外，它们还会滤掉某些波长的光线，使得太阳和月亮看起来就像蒙上一层光晕，或是泛着奇异的色彩，尤其在日出和日落时能形成奇特的自然景观。

2. 破坏环境

火山爆发喷出的大量火山灰和暴雨结合形成泥石流能冲毁道路、桥梁，淹没附近的乡村和城市，使得无数人无家可归。泥土、岩石碎屑形成的泥浆可像洪水一般淹没了整座城市。

岩石虽被火山灰云遮住了，但火山刚爆发时仍可看到被喷到半空中的巨大岩石。

三、有关火山喷发的记录

火山爆发，庞贝古城灰飞烟灭

维苏威火山海拔 1280 多米。古罗马帝国最繁荣的城市庞贝坐落在这座火山的南面。流向那不勒斯湾的萨尔诺河绕庞贝而过，连接起古罗马帝国与世界各地的贸易往来，令商贾之影与交易之音终日浮动于庞贝城中。这里土壤肥沃，气候宜人，物产丰饶，在成排的葡萄架和油橄榄间，庞贝人栽种着谷物、蔬菜，还有无花果和迷迭香。

公元 79 年 8 月 23 日深夜到 24 日清晨间，维苏威火山爆发了。先是熔化的岩石以超音速的速度冲出温度高达 1000℃ 的火山口，当火山内部再也承受不住巨大的压力时，惊天动地的喷发令火红色的砾石飞上 7000 米的高空，然后，灼热的火山碎屑暴雨一般从天而降，向着庞贝倾泻而来。庞贝人惊骇万分，自公元前 1000 年这块土地上有人居住起，维苏威火山在那不勒斯海湾蓝色的天空下从来都是鲜花遍坡，它已经平静几百年了。庞贝人开始逃跑，奔跑在街道上的人被砾石击中而倒下，下落的火山碎屑在庞贝城中不断堆积，建筑物因承受不住重压而倒塌。同时，炙烫的岩浆裹挟着碎石冲下维苏威火山，以 160 千米/小时的速度到达庞贝，覆盖了整座城市的每一条街道，岩浆腾起的气浪烧烤着路边残剩的房屋和依然躲藏在那里的人。紧接着，黑色的火山灰从火山口上空滚滚而来，密不透风地封堵住庞贝城中每一扇门、每一扇窗户，封堵住那些在砾石的袭击中侥幸存活的庞贝人的眼睛

震撼

和胸腔，令他们最终因为窒息而死——"生命中最悲惨的一刻来临了，他无法呼吸。"

维苏威火山爆发 18 个小时后，火山碎屑将整个庞贝城掩埋，最深处竟达 19 米，曾被誉为美丽乐园的庞贝从地球上消失了。

我国历史上的火山爆发

中国最早记录的活火山是山西大同聚乐堡的昊天寺火山，它在北魏（公元 5 世纪）时还在喷发（据《山海经据》记载）。东北的五大连池火山在 1719～1721 年，还猛烈喷发过，其情景是"烟火冲天，其声如雷，昼夜不绝，声闻五六十里，其飞出者皆黑石硫磺之类，经年不断热气逼人 30 余里"（据《宁古塔记略》）。

1916 年和 1927 年，台湾东部海区的海底火山先后爆发过两次，呈现出"一半是海水，一半是火焰"，蔚为壮观。

1951 年 5 月，新疆于田以南昆仑山中部有一座火山爆发，当时浓烟滚滚，火光冲天，岩块飞腾，轰鸣如雷，整整持续了好几个昼夜，堆起了一座 145 米高的锥状体；至于台湾北部海拔 1130 米的活火山——七星山，迄今还在喷发着大量硫磺热气。

近年日本火山爆发事件

2000 年 9 月初，日本北海道驹岳火山晚间喷发，给周围地区带来一些火山灰。火山半径 4 千米的范围内居住着大约 2500 人，无伤亡报告。

2009 年 2 月 2 日，位于日本东京西北方向约 150 千米处的浅间火山于当日凌晨喷发。由于大风，火山灰甚至飘落至东京市区。浅间火山海拔 2568 米，是日本 108 座活火山中最活跃火山之一。

日本浅间火山冒出浓烟

2009 年 4 月 9 日，当地时间 15 时 31 分，位于日本九州鹿儿岛县樱岛南岳东侧的昭和火山口发生伴有响声和振动的喷发，产生的碎屑流从火山口向东流下约 1 千米。火山喷出的烟尘升至4000 米以上的高空，并向西南方向扩散。大块火山渣飞至距昭和火山口 800～1300 米处。受此次火山喷发影响，位于樱岛西南的鹿儿岛市被火山灰笼罩，天空一度变得灰暗，能见度极低，空气中还有硫磺味。

迄今十大最剧烈火山喷发

1. 喀拉喀托火山

喀拉喀托火山位于爪哇岛和苏门答腊岛之间，1883 年 8 月 26 日和 27 日连续两天喷发，据统计有 3.6 万人在这次灾难中丧生。火山喷发的声音响彻天空，甚至在 2000 英里以外的澳大利亚珀斯都能听得见。自此，喀拉喀托火山一直处于活跃期，最近一次喷发是在 2008 年。

2. 培雷火山

位于马提尼克的培雷火山在 1902 年喷发，被认为是 20 世纪最致命的火山灾难，夺去了 3 万人的生命。炽热的有毒气云和火山熔浆将圣皮埃尔整座城市湮没，在全市 2.8 万居民中，只有两个人躲过了这场浩劫。培雷火山喷发的烟柱持续了 11 天之久。

3. 圣海伦火山

位于美国华盛顿州的圣海伦火山 1980 年喷发持续了 9 个小时，产生了有记录以来历史上最大规模的火山残骸。57 人在这场浩劫中遇难，成为美国历史上最致命的火山喷发事件。

4. 夏威夷火山国家公园

火山国家公园位于夏威夷岛，世界上最大的火山莫纳罗亚火山和世界上最活跃的火山之一基拉韦厄火山都位于这座公园内。莫纳罗亚火山最后一次喷发是在 1984 年，而基拉韦厄火山从 1983 年起就一直在向外喷射岩浆。

---

5. 塔乌鲁火山

2006 年，巴布亚新几内亚的塔乌鲁火山喷出浓浓的灰黑色烟尘，随风飘向了拉波尔小镇的上空。岛民被疏散到另一个岛上，在海滩观看塔乌鲁火山喷发的景象。过去 70 年，拉波尔屡次遭受火山喷发的侵袭。1994 年，该省政府因火山喷发而被迫将省会迁往别处。

6. 默拉皮火山

印度尼西亚的默拉皮火山自 1548 年起就不断喷发。数千人生活在默拉皮火山的侧翼。2006 年，当地人目睹火山喷发后不久，厚重的烟尘和熔岩在火山顶部出现。

7. 通古拉瓦火山

2006 年，厄瓜多尔的通古拉瓦火山喷发后，这具肿胀的牛尸被火山灰盖得严严实实。这次灾难至少造成 5 人丧生，13 人受伤，5 个村落被火山灰和炽热熔岩所湮没。这座位于安第斯山脉的火山在 1999 年开始进入活跃期，持续至今。

8. 克利夫兰火山

克利夫兰火山是座活火山，位于美国阿拉斯加州中部的阿留申群岛。2006 年火山喷发。

9. 熔炉峰

5 万年来，留尼汪岛的熔炉峰一直处于活跃期，从 1640 年开始，总共喷发了 180 次，距离现在最近的一次是在 2007 年。它现在是留尼汪岛最著名的景点之一。

震
撼

10. 柴滕火山

经历了 9000 年的平静后，智利的柴滕火山于 2008 年 5 月终于爆发了，迫使柴滕镇及附近居民集体疏散到别的地区。

四、火山喷发的预防与应对

火山喷发的预兆

火山喷发往往几个月前就能有征兆，因为在突然喷发以前，岩浆会从下面向外挤压，在火山的一侧产生一个可看得见的圆丘。小的火山岩喷发会使圆丘增加隆起程度，使它更不稳定，直到最后发生崩溃，产生巨大爆炸释放压力。但是它什么时候将突然爆发，很难准确预测。我们可以根据如下几方面来预测火山喷发。

1. 地形变化

由于火山爆发前，地下岩浆在活动，产生地应力，使地面起伏有所改变。例如阿拉斯加卡特迈火山于 1912 年爆发前，其周围甚至远距十几千米以外，突然出现许多地裂缝，从那里冒出气体，喷出灰沙。1978 年吉布提阿法尔三角区的阿尔杜科巴火山爆发前，突然出现高达百米的突起。1979 年圣海伦斯火山爆发前，在其北坡出现一个圆丘，到 1980 年，圆丘的高度迅速增长，最快时，每天增高 45 厘米，终于在当年 5 月 18 日就从这个圆丘突破，发生大爆发。但在冰岛克拉夫拉火山于 1980 年 10 月爆发前，地面却发生沉降，也与岩浆运移有关。

2. 火山上的冰雪融化

许多高大的火山常年处于雪线以上，爆发前由于岩浆活动、地温升高，火山上的冰雪融化预示将要爆发。如圣海伦斯、科托帕克希、鲁伊斯等火山均有此现象，融化的雪水甚至造成泥石流或山洪爆发。

3. 动物异常

和地震的情况相似，有些动物会表现出烦燥不安的神态。

4. 火山发出隆隆的响声

由于岩浆和气体膨胀，尚未冲出火山口时的响声，预告喷发即将来临。

5. 地震仪器监测

火山爆发前常有微震，设置在那里的地震仪能监测到。一般在活动火山的周围均设有地震站。如圣海伦斯火山周围有 13 个，夏威夷基拉韦亚火山周围有 47 个，印尼默拉皮火山周围设 6 个等。如圣海伦斯火山在 1980 年 5 月大爆发前曾监测到每天 3 级地震达 30 次之多，苏弗里埃尔火山在 1978 年 4 月大爆发前，可感地震每小时达 15 次。

另外，还可以分析火山气体。在火山附近经常取气体样品分析，不正常的气体增加，表示火山爆发前某些火山气体已"先行"了。火山喷发前，其附近的水温、地温一般都升高，可以测到。

火山喷发应急措施

1. 迅速跑出熔岩流的路线范围。

震撼

2. 如果从靠近火山喷发处逃离，应佩戴头盔，或用其他物品护住头部，防止砸伤。

3. 逃生时应用湿布护住口鼻，或佩戴防毒面具。当火山灰中的硫磺随雨而落时，会灼伤皮肤、眼睛和黏膜。应戴上护目镜、通气管面罩或滑雪镜——但不是太阳镜。到避难所后，要脱去衣服，彻底洗净暴露在外的皮肤，用干净水冲洗眼睛。

4. 火山喷发时会有气体和灰球体以超过每小时 160 千米的速度滚下火山。可躲避在附近坚实的地下建筑物中，或跳入水中，屏住呼吸半分钟左右，球状物就会滚过去。

后　记

　　人与自然的关系是随人类生产能力的发展而变化的，二者的关系表现为一个历史性的发展过程。在原始社会，人类认识自然和改造自然的能力十分有限，在人与自然关系上更多表现为人受制于自然。随着人类生产水平的提高，人与自然的关系开始发生了转变，人类逐渐由"敬畏自然"的态度变为"征服自然"，自然成为人类改造的对象。农业社会以后，人类开始大规模改造自然，这样做虽然扩大了耕地面积，满足了日益增长的粮食需求，却破坏了森林、草原、湖面，不仅导致了水土流失、土质下降、沙漠化、盐碱化，而且进一步使生态失去平衡。工业文明的出现使得人类和自然的关系发生了根本性的改变：自然界完全不再具有以往的神秘和威力，人类再也无须像中世纪那样借助于上帝的权威来维持自己对自然的统治。

　　但进入 20 世纪以来，伴随着环境污染、生态危机的威胁，人们越来越意识到，实现人与自然的和谐发展，在当代已不再是一个理想的口号，而是我们基于全球性生态危机而提出来的关系到整个人类生存和发展的现实问题。雷击、洪水、地震、海啸、雪崩……在科技发达的今天，大自然带给我们的这些震撼与警示，依然真实而强烈。当今世界自然灾害一般是"三分大灾、七分人祸"。比如 1998 年长江全流域的特大洪水，专家们研究认为，造

震撼

成这次大洪灾的原因是除了雨量过大造成洪水外，更在于生态破坏严重、盲目围湖造田、不合理的水利建设所致。

　　人类与自然关系的现实命题，是共生、共赢、共荣，而不是征服、改造、索取。此书的目的也是希望通过对这些自然灾变的梳理，倡导人类去爱护自然、保护自然、顺应自然，着眼现在，放眼未来，倡导并树立一种人与自然的和谐就是人类最大美德的观念。地球是我们共同的家园，希望可以通过我们的反省和努力，最大限度地改善人与自然的对立状态，做到与自然的和谐相处，共建我们美好的地球家园！